一分钟放下，一辈子从容

Yi Fenzhong Fangxia
Yi Beizi Congrong

放下时的割舍是疼痛的，疼痛过后却是轻松的！

程，也是得到的过程。当你紧握双手，里面什么都没有。当你松开双手，世界就在你手中。这便是放下的智慧。

◎编著

中国华侨出版社

图书在版编目（CIP）数据

一分钟放下，一辈子从容 / 刘川编著 . —北京：中国华侨出版社，2013．12

ISBN 978－7－5113－4330－7

Ⅰ.①一… Ⅱ.①刘… Ⅲ.①人生哲学－通俗读物 Ⅳ.①B821－49

中国版本图书馆 CIP 数据核字（2013）第 300214 号

● 一分钟放下，一辈子从容

编　著 / 刘　川
责任编辑 / 文　筝
封面设计 / 智杰轩图书
经　销 / 新华书店
开　本 / 710×1000 毫米　1/16　印张 16　字数 220 千字
印　刷 / 北京一鑫印务有限责任公司
版　次 / 2014 年 2 月第 1 版　2019 年 8 月第 2 次印刷
书　号 / ISBN 978－7－5113－4330－7
定　价 / 32.00 元

中国华侨出版社　北京朝阳区静安里 26 号通成达大厦 3 层　邮编 100028
法律顾问：陈鹰律师事务所
编辑部：（010）64443056　　64443979
发行部：（010）64443051　　传真：64439708
网　址：www.oveaschin.com
e－mail：oveaschin@sina.com

前言

　　人的一生有许多事情难以抉择，有很多东西难以放手。坐在哪个位置、怎样把握机会、如何创造财富、是否接受感悟……遇事争先，什么都想得到，会让人生过于沉重，无形中增加了很多压力，困惑也随之增多，妨碍了正常的生活，损害了自己。

　　其实人生类似于一道加减法并存的算术题，加减法会贯穿一个人的一生。加法的人生就是我们不断地成长，减法就是停下来呼吸一下新鲜空气，享受生活的乐趣。当我们对人生茫然无知的时候，就匆匆踏上人生的旅途。等到对人生有所感悟时，人生的某一阶段已经过去。人生从来就是有舍才有得，放弃失败后的悲伤，不再整日郁郁寡欢，就会获得快乐；放弃无果而终的争吵，大家握手言和，就得到了友谊；放弃了对金钱名利的追求，就能享受淡然生活的恬静，体会到轻松。

　　放下的过程，也是得到的过程。当你紧握双手，里面什么都没有；当你松开双手，世界就在你手中，这便是放下的智慧。心灵的内存有限，只好放下过去，释放新的空间，才能装下更多新的、美好的东西。放下时的割舍是疼痛的，疼痛过后却是轻松的！

　　平凡的我们，有从容的心境，就如石子一粒，仰高山之巍峨，但不自惭形秽；若小草一棵，慕白杨之伟岸，却不妄自菲薄。云从容，才能亦雨亦雪，自由俯仰天地；松柏从容，才能不改初衷，听任四季变幻；花从容，才能满室清香，无憾香消玉殒；人从容，才能惬意生活，时刻拥有快乐。所以，不要再感叹自己缺少什么，能够放弃自己所拥有的一切，才是一个真正有智慧的人。

人生最大的智慧就是懂得放弃。我们每个人都有难以割舍的东西，放弃了，也许是一种胜利。人活一辈子，与其拼命挣扎获取功名利禄，不如放弃名利平凡度过一生。如果一个人在错误的道路上大声疾呼永不言弃，那么他只能是重蹈南辕北辙的下场。

明于选择，智于放弃，人生要先舍而后得，放弃之后方知快乐，放弃中学会巧变通。

《一分钟放下，一辈子从容》这本书从心智、情感、自知、释然四个方面让你真正地做到"得失一切随它去，便是人间自在人"！从中获得的经验能为今后的人生道路提供参考，对人生有全面透彻的了解，拥有一个美好的人生！

目录

心智篇
——放手心境意从容,看淡得失苦乐中

第一章 放手凝聚成熟心智,取舍心怀坦荡人生

人的一生,有时不好的境遇会不期而至,搞得我们猝不及防,那么怎样才能拥有一份安然祥和的心态呢?这就需要我们学会放手。因为这个世界上有很多需要我们放手的东西。明于选择,智于放手。取舍之间便拥有坦荡人生。大智慧在于放手,这样才会觉得活得更加充实、坦然和轻松。快乐从来都不是你站的位置,而是你选择的朝向。

放手中收获人生 / 4

一张一弛,享受人生 / 8

以退为进的人生法则 / 12

如果人生决定不了开始,就去营造过程 / 16

人生就是在不断放弃中完成跨越 / 19

自由洒脱方可排除世间纷扰 / 23

你的心情决定你眼里的风景 / 27

打破心中的瓶颈，心怀坦荡人生 / 31

第二章｜放下仅需轻松一秒，抉择收获另片天空

　　由布袋和尚转化而来的弥勒菩萨的传说中，弥勒菩萨有一个很重要的动作，那就是将布袋提起和放下，以此度化众人，解开烦恼。弥勒菩萨的布袋，拿起来放下去，便代表了提起和放下。有人向他求解烦恼之术时，他将布袋往下一放，告诉你要放下，因为放不下，才会引出许多无端的烦恼。然而，看似非常简单的两个动作，却有很多人一辈子都做不到，只能在烦恼和虚妄中度过一生。因此，弥勒菩萨才会"笑天下痴迷之人"。其实放下只需要轻松一秒，放下后，便能看到另片天空。

如何抉择，鱼和熊掌不可兼得 / 36

这扇门关上，那扇窗打开 / 39

有所为，有所不为 / 44

予人玫瑰，手有余香 / 48

不愿付出只想索取，只会越走越窄 / 52

成功的最大支撑力是自制 / 55

找准梦想风向，掌舵直奔曙光 / 59

大弃大得，小弃小得 / 63

情感篇
——情字难解亦难消，转身自此展眉梢

第三章 潇洒尽在完美转身，抓住幸福指日可待

情感是每个人都经历过的，然而不是每个人都能在第一次恋爱的时候就能遇到真命天子。在情感的领域中，总是有太多的难关、选择、挣扎与惶惑。当感情遇到创伤，我们该如何做？苦苦哀求对方，失去自我？人总是没那么简单，就能找到对的一半。在遇到失败的感情的时候，我们要学会放手，潇洒地转身，寻找真命天子，也许在转角就会遇到爱。

爱情贵在选择／72

远离婚姻生活中的雷区／75

婚姻十字路口的红灯／79

分手快乐，向错爱挥挥手／81

朋友就是生活中的阳光／84

以真心换真心／87

宽恕别人就是放过自己／89

懂得感恩，懂得回报／93

第四章 执着欲望似火焚身，深陷绝境怎能自拔

生命之舟载不动人们太多的物欲和虚荣，在抵达彼岸时

要学会轻载。欲望太多，就会让我们变成欲望的囚徒，深陷在欲望的绝境中无法自拔。因为放不下到手的职务、待遇，有些人整天东奔西跑，耽误了更远大的前途，冷落了家人；因为放不下诱人的钱财，有人费尽心思，结果常常作茧自缚……

放手名利，成就自我／98

知足者常乐／101

淡雅志趣，平衡人生／105

把握好你的无价之宝／108

以善的眼睛看待世界／112

幸福在自己心里，而不在别人眼里／116

深陷绝境的沼泽——欲望／121

自知篇
——关照自我少纠结，往事如烟勿缠恋

第五章 | 人生之路阔如沧海，生命之舟怎堪重负

生命之舟在人生的旅途中不断地行驶，会遇到这样那样的问题，稍不留神就会使它超载。自卑、冲动、虚荣、懦弱等都会成为我们的负担。要让我们的生命之舟行驶得顺利并且轻便，我们必须抛开这些增重的元素。

跨越自卑，重获人生的自信 / 128

只和自己比，不用他人的标准衡量自己 / 131

对冲动说再见 / 134

匹夫之勇不可贵，学会控制自己 / 138

抛开虚荣，展现真实自我 / 141

给心境一个自由天空 / 144

放弃懦弱，还自己一条勇敢的人生之路 / 146

改掉不良的习惯，为生命之舟减负 / 149

第六章 | 勇者豪情从容收手，忘净仇怨笑看苍穹

敢于告别过去，才能拥有未来；善于忘记悲伤，才能够迎接快乐。宽容是上天给我们的最美丽的东西，它能让我们

忘却愤怒，忘却仇恨，忘却伤害。心存美好才能创造美好，心存善良才能遇到善良。宽容不仅是对别人还要对自己，原谅别人才能原谅自己，原谅自己的失败，原谅他人的背叛，不断地成长为一个勇敢的人，一个心怀宽广的人。

一笑泯恩仇，宽容最大 / 154

不要徘徊犹豫，认准了的事情就去做 / 157

坦然面对自己的错误 / 161

脆弱永远是向困难屈服 / 165

满载豪情，从容收手 / 169

放松自己，人生才会顺心如意 / 172

抛开浮躁，脚踏实地去努力 / 175

卸载包袱，放弃完美的标准 / 179

释然篇
——松开手指真智慧，优雅转身影生辉

第七章 生命大智终归本真，放手写意凡尘美景

人生在世几十载，从呱呱坠地，到迟暮晚年。我们的境遇时好时坏，我们应该怎样放下那心中的烦恼，去营造人生中的美景？在那错乱的人生路途中，充满了坎坷，充满了荆棘，更充满了欢快，我们应该怎样让自己的生活充满欢笑呢？我们应该学会放手和舍得，因为放手是智慧，是你人生中明智的取舍，放手让你更加真实、愉快、坦荡。只要用自己的双手亲自编织人生，幸福的人生就属于你。

远离冷漠，在生活中散发热情和爱心 / 188

客观地看待生活 / 193

追求自强独立 / 197

努力去改变自我，寻求生活中的美景 / 201

不吹毛求疵，容忍别人的缺点 / 204

不要试图取悦周围所有的人 / 208

第八章 甩袖笑看云淡风轻，转身忘尽荣辱得失

人生没有绝对的公平，但却是相对公平的。在一个天平

上，你得到的越多，也必须比别人承受得更多。所以得到的越多，付出的就越多，身上的负担和压力也就越大。坏事总是不断发生，可还是有很多办法来解决困难，或者忘记烦恼。永远要懂得释放压力，减轻包袱，看云淡风轻，让所有的荣辱得失都成为转身后的过眼云烟，只要自己开心、内心丰富就好。

积极地看待人生／214

笑对人生，不要被挫折击倒／218

努力才有希望／222

关注新的生活／226

对自己说"不要紧""没关系"／230

放弃悲观情绪，笑对人生中的风雨／234

努力缓解压力，享受更轻松的生活／238

心智篇

——放手心境意从容，看淡得失苦乐中

◇ 第一章　松手凝聚成熟心智，取舍心怀坦荡人生
◇ 第二章　放下仅需轻松一秒，抉择收获另片天空

第一章
松手凝聚成熟心智，取舍心怀坦荡人生

　　人的一生，有时不好的境遇会不期而至，搞得我们猝不及防，那么怎样才能拥有一份安然祥和的心态呢？这就需要我们学会放手。因为这个世界上有很多需要我们放手的东西。明于选择，智于放手。取舍之间便拥有坦荡人生。大智慧在于放手，这样才会觉得活得更加充实、坦然和轻松。快乐从来都不是你站的位置，而是你选择的朝向。

放手中收获人生

人生面对很多事情，要经历很多分岔路口，那么就有无数次的选择。经历孩童时代，经历少年时代，再经历成年，直至老去……在什么样的时代，如何去选择，如何去把握机会，又如何感悟人生？什么都想得到，这一生必定过于沉重，如何抛开这份沉重，参透人生呢？

选择太多的人生过于沉重，就会莫名地背负很多压力。于是越来越多的困惑随之而来，我们的正常生活便被妨碍，我们自己的生活也逐渐被损害。所以我们的一生中，不能为太多的诱惑受累，学会适当放手，抛开背负的各种压力，简化自己的人生，从而收获真正的幸福。

有三个旅行者同时住进了一个旅店，相约第二天去观看周围的风景。到了第二天早上出门的时候，一个旅行者带了一把伞，另一个旅行者拿了一根拐杖，第三个旅行者什么也没有拿。晚上归来的时候，拿伞的旅行者淋得浑身是水，拿拐杖的旅行者跌得满身是伤，而第三个旅行者却安然无恙。于是前两个旅行者很纳闷，问第三个旅行者："你怎么会没事呢？"

第三个旅行者没有回答，而是问拿伞的旅行者："你为什么会淋湿而没有摔伤呢？"拿伞的旅行者说："当大雨来临的时候，我因为有了伞就大胆地在雨中走，却不知怎么淋湿了；当我走在泥泞坎坷的路上时，我因为没有拐杖，所以走得非常仔细。专拣平稳的地方走，所以没摔伤。"拿拐杖的说："当大雨来临的时候，我因为没有带雨伞，便拣能躲雨的地方走，所以没有淋湿；当我走在泥泞坎坷的路上时，我便用拐杖拄着走，却不知为什么常常跌伤。"

第三个旅行者听后笑笑，说："这就是我安然无恙的原因。当大雨来时我躲着走，当路不好时我小心地走，所以我没有淋湿也没有摔伤。你们的失误就在于你们有可凭借的优势，认为有了优势便少了忧患，不懂得去选择、去放弃。"

第三个旅行者才是真正的智者，他的旅行没有思想包袱，他懂得放弃，同时他也学会了选择，所以他既不会被雨淋也不会跌伤自己。

人生就如同一场旅行，我们每个人都是其中的旅行者。生命的旅途常常会有挫折，会有苦难，这时候我们需要一种勇气和一种抉择，那就是放手。当我们一个人跋涉时，如果没有人为自己祝福，那就自己祝福自己；如果我们放弃不了当下，我们就不能发现另一片海阔天空；如果我们放弃不了昨天，那么我们就会将自己的生命白白耗在这一刻的停滞不前中。所以对于生活中的一些枷锁，我们要学会放手，这样才能不被枷锁所操控，这样我们就能发现、拥有一个真正属于自己掌控的空间。

旅途中常常会有让自己生活繁杂和内心烦乱的东西。我们只有丢掉、放开这些东西，才能做一个真正的旅行者。人生必须有所放弃，一只壁虎被小猫抓住了尾巴，它毫不迟疑地咬断了那条尾巴，然后逃命。放弃一条尾巴而保全一条生命。人生亦应如此，主动放

弃局部而保全整体，避开惨痛，或许是最明智的选择。

人生要学会选择，更要懂得放手。人生苦短，人活这一辈子，与其拼命努力于获取功名利禄，不如放弃追逐名利，平淡却幸福地度过一生。如果一个人在错误的道路上大声疾呼永不言弃，那么他只能是重蹈南辕北辙的下场。所以放手才能新生。

爱默生说过："人生最大的智慧就是懂得放弃。我们每个人都难以割舍的东西，放弃了，也许是一种胜利，是一种智慧。"我们面对复杂的人生不能仅仅掌握一套哲学，以为只要懂得了一个道理便可以畅通无阻。想要驾驭好生命之舟，我们面临的是一个永恒的主题：那就是学会放手。一个拾贝壳的小男孩刚到沙滩便捡了两满手贝壳。妈妈就对儿子说："孩子，你只有先放下手中的，等会儿你才能捡到更美丽的贝壳。"小男孩的母亲想以此来告诉他：随着成长的脚步，他要舍弃更多，不管他愿不愿意。这样才能去拥有更好更美的！

在我们惯有的习惯性思维里，总是以为生活的继续会让我们拥有更多的收获，所以放弃和放手从来不在我们的考虑范围之内。一直追求着永不放弃的精神，把不轻易放弃作为人生的正确哲学，因此，有很多人在面临抉择的时候总是舍不得放弃，不懂得放手，结果赔了夫人又折兵。

在遇到问题时，可以选择面对它，接受它，也可以放弃它，遗忘它。爱你所选的，内心会更满足踏实；放下你的负累，才能够提起得更多。懂得选择与放弃，也更懂得珍惜生命，同时增长别人偷不走的人生智慧。

古人云："塞翁失马，焉知非福。"放弃是一种量力而行的睿智和远见，是顾全大局的果敢和胆识。放弃该放弃的，你就会获得最大的成功。如果不分清是非，只认为人就应该永不放弃，那么，到头来承担后果的只能是自己。舍不得放下压得自己喘不过气来的肩头重担，以为走到尽头会是收获，却不知中途因为承载不了负荷而被压倒，再也起不来了。

在人生的抉择中，很多时候是由不得人的，放手往往是最明智的选择。小的时候，我们总是喜欢保留一些废品舍不得扔掉，长大后才发现那些物品不但一文不值，而且放在新的物品旁边还起了腐化作用，让那些有价值的东西也浪费了。

生活多一份用心，便有了不同的智慧。如果我们舍得放下人生的种种包袱，轻装上阵，我们的生活才能更加地充实与轻松。无数的经验法则告诉我们，舍得放下是成长智慧的必备元素，更是成就人生的最佳养分。懂得放弃，你才能更快地到达目的地。

如果我们的心里释然了，我们就能挣脱名缰利索的束缚，抛开功名利禄的困扰。如此一来，只要我们摆正心态，放宽心怀，用豁达的心胸放下心中的负累，我们就能拥有生活的快乐。

我们都在匆匆忙忙地为生存疲于奔命，时光转瞬即逝，每个人的生命已背负了岁月所积淀的太多负荷。这个时候，我们应该学会放慢脚步，对过去的人和事、景和物进行审视，放下该放下的，让轻松的心情陪伴我们继续前行，去感悟，去收获人生！

人生感悟

人总是希望有所得，以为拥有得越多就会越快乐。于是我们沿着追寻收获的路走下去。一味地追寻，发现带给我们的是无聊和困惑、痛苦和失落、压抑和无奈，都与我们太渴望拥有更多有关。因为不懂放手或过分地执着，让我们迷失了方向。

一张一弛，享受人生

在这个物质丰富的年代里，车子、票子、房子成了很多人的奋斗目标。每天紧张地生活，一味地追求物质，但是追求得到后，才发现失去了人生的真正意义，到了年老的时候，回想自己的一生，竟然没有好好地去感受、去享受。所以正确的生活之道，在于一张一弛。

保持着从容的微笑，仿佛对身边一切事务已成竹在胸，从自己的眼神中，让别人看到的是平和与自信。张弛有道，这便是在自己的人生追求中的幸福。

人生旅途中，我们会遭遇许多进退两难的问题。不管做什么样的选择，都会因此放弃另外一样。可是有时侯，我们所面对的并非西瓜和芝麻这样简单的选择问题，它有可能是两朵美丽的花、两棵繁茂的树，让你不管怎么思考都难以选择一个而放弃另外一个。面对这样的情况，你该如何是好呢？其实关键的所在，是不管怎么选择，我们要学会享受我们的人生。就像比尔·盖茨的退学。哈佛大学是多少人梦寐以求的学府，而考上哈佛大学的比尔·盖茨却在大三时，毅然决然地选择了退学。这不是一般人能够下的决心和勇气，也只有下这样的决心和勇气，才使他成为一个商业奇迹的缔造者！

会拼搏是人生的大智慧，会轻松是人生的大觉悟。在职场中有凌厉干练的一面，在生活中也要有轻松惬意的时候。有些目标，可能一辈子都追求不到，但美好的时光却在这追求中一去不复返了。所以我们要学会享受人生。

一名在农村长大的女孩，大学毕业后便参加了工作，因为家境不好，所以自己就很努力地拼搏，赚取更多的钱。都市的生活每天都很忙碌，每天她都不放松自己。她总对朋友说："35岁以后，我要过我想过的生活！"不料，33岁的时候，她在工作中晕倒了，因为过度劳累患了重病。在医生宣判医治无效后，她被伤心的家人接回了家乡。

这时她才感悟到："我所追求的悠闲生活，不就在这里吗？可我却拼了命地工作，想借工作换取金钱，再换悠闲的生活，我真是笨！"

如果能珍惜生命，懂得放下，懂得张弛地生活，善于劳逸结合，结局又会是另一种情况吧！过去的不可得，未来的不可取，只有现在是你能把握的。因此，在一生中，要懂得什么时候该放下，什么时候该抓紧，可千万别在临终时，才让护士小姐推你到病房外，去欣赏也许是你初次也是最后一次见到的夕阳。

选择与放弃对于生活、工作、人生都是有重大影响的。做好每一个抉择，走好每一步，懂得一张一弛地生活，才能做到真正把握当下，活在当下。

或许生活中的你正因处在困境中而努力赚钱，或许生活中的你正因富足中的孤寂而烦恼，或许生活中的你正因拼搏事业的忙碌而忽略了家庭……不妨放慢脚步，看看身边美丽的风景。

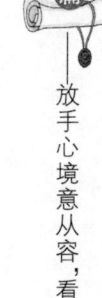

2003年至2008年，短短五年间，他就成功申报了20项专利；在第八批四川省学术和技术带头人后备人选名单上，他榜上有名。这位智慧之神雅典娜格外垂青之人，就是城乡建设学院老师黄正文。

面对记者的采访，提到自己的成绩，黄老师显得很淡然。在他看来，辉煌是昨日的，最重要的还在于现在的努力与未来的前行。黄老师说，古今中外成大事者，不唯有超世之才，亦必有坚韧不拔之志。选择了目标后，需要的是脚踏实地，一步一步坚持去完成。

面对黄老师看似一帆风顺的事业经历，记者在想，他是否也有过不如意的时候呢？小心翼翼地问完这个问题，黄老师却畅然笑道："当然有！一个人的生活中怎么会没有不如意？比如我研究焚烧炉有近20年了，解决了一个旧问题，又发现一个新问题。每一次以为是最后一个问题，可以定型了，最后却发现，过一段，又要改进，技术又有缺陷了。很多时候觉得自己考虑的总是达不到最完美的境界。"不过黄老师接着说，"但是自己在不断完善的这个过程中是很愉快的，也会有成就感。"

作为一名科技工作者，黄老师自己承担了不少各级各类纵、横向的科技攻关项目，平日里有大量的科研工作需要做；作为一名科技团队负责人，他要做好统筹、协调、联络等事务；作为一名大学教师，他还在城乡建设学院开设了四门课程！面对如此繁重的工作，黄老师是怎样看待与调整的呢？记者提出了自己的疑惑。黄老师笑着说："这很简单嘛，上班就工作，下班就生活。"简单的话语道出的是一个"纯净"的人生信条：工作就努力投入，生活就轻松享有。在黄老师的博客记载着：有闲有乐有依有底。这种简单而纯粹的生活观念，颇有陶渊明式的超脱与宁静。这正是黄老师对待工作和生活的态度：一张一弛。记者采访中，黄老师脸上始终保持着从容的微笑，仿佛对身边一切事务已成竹在胸。从他的眼神中，我们看到的是平和与自信。

　　黄老师告诉我们三个道理：一、要学参天古木，厚积薄发，科研工作要耐得住寂寞；二、遇到困难时，不断去完善的过程是愉快的，也会很有成就感；三、生活之道，在于一张一弛。在现实生活中，我们应该学习黄老师的生活态度。我们的生活内容应该是多姿多彩的。周末有空，偶尔野营、写作、打篮球，或是简单到与家人一道做做饭、买买菜，等等。严格区分上班和下班时间是非常重要的。上班紧张投入地工作，那么下班就应该放松放松，这样工作的效率才会高，同时生活质量也才高，事业、生活两不误，和谐而健康。

　　生活犹如万花筒，喜怒哀乐、酸甜苦辣相依相随。没有人不想幸福快乐地活着，然而在现实生活中不尽如人意，我们却经常不能左右幸福，因为痛苦烦恼往往不期而至。面对痛苦烦恼，我们也许无法逃避，但我们可以选择放松自己，让自己在紧张的生活中得到一片宁静。

人生感悟

　　沉重的包袱让人生活得太累，卸下才会轻装上阵，赢得轻松自在的生活；烦恼的缠绕让人整日昏昏沉沉，放下才会轻松悠闲，赢得拨云见日的阳光；名利的羁绊让人备受煎熬，抛弃才会怡然自得，赢得乐观豁达的人生。学会一张一弛，才能享受人生！

以退为进的人生法则

人生苦短，韶华难留。选准目标，就要锲而不舍，以求"金石可镂"。但是你有没有想过，如果目标不适，或主客观条件不允许怎么办？最终只会蹉跎岁月，终老无功，还不如学会以退为进的人生法则。

人生如戏，每个人都是自己的导演。在生活与人生处处需要面对的关口，我们面对的就是选择和放弃。往往昨天的放弃决定今天的选择，明天的生活又取决于今天的选择。只有懂得放弃的人，懂得以退为进的人，才能赢得精彩的生活，拥有海阔天空的人生境界。

"锲而不合，金石可镂。"这是古人留下的一句成才之道。其实，苦学不辍、持之以恒，只是一个人成才的条件之一，而其他条件，譬如机遇、天赋、爱好、悟性、体质等诸项也是缺一不可的。如果你研究某一学问、学习某一技术或从事某一事业，但确实条件太差，且经过相当的努力仍不见效，那就不妨学会以退为进，以求另辟蹊径。

王美美是个初一的优秀三好学生。一天，她忽然离家出走。最后在老师和警方的帮助下，王美美被找到，并安全送回她的父母身边。在她的哭啼中，大家发现这个优秀的三好学生的背后，原来这么悲观。被父母安排学习钢琴、舞蹈，而且每天放学后的时间都奉献给了语、数、外，她觉得生活得很压抑。她这次离家出走，是因为英语考试没有到达父母的期望值，觉得压力很大，于是选择离家出走来逃避。

许多家庭都是认认真真把孩子当个全才来培养的。很多夫妇自认为："这一辈子就这样了，孩子无论如何也要让他成就一番事业。"于是逼迫孩子学习这个那个，觉得是一技之长，却从来没有考虑过孩子喜欢什么。与其盲目培养，不如放手给孩子自由，让他们做自己爱好并擅长的事情，拥有一个美好的学生时代。

不单是孩子这样，其实人生一辈子，弹指一挥间。从呱呱坠地的一瞬间，我们便开始"加法"的一生，从一无所有，到通过学习，谋求一技之长，通过自己的努力赚钱来养家糊口，此外，不断地背负着才能、名利、事业、财富等。看看历史人物，秦始皇"吞六州而亡诸侯"，统一华夏，史无前例，何等威风与壮观！然而他执政后，不知万事要适可而止的道理，耗费巨资修建阿房宫，动用劳力修筑长城。在秦始皇死后不久，秦朝便在风起云涌的农民起义中退出了历史舞台。又如越王勾践之所以能灭吴，谋臣文种和范蠡立下了汗马功劳。在功成名就之后，文种依然贪恋名利权位，不接受范蠡功成名就隐退的建议，最终被勾践赐剑自刎而死。同样身为功臣，范蠡选择了另外一种方式，他放弃了所有的功名利禄，功成隐退，做了一个自由自在的商人，过着悠然自得的生活。

我们不能一味地过加法的生活，也要学会过减法的生活。减法是"退一步海阔天空"的人生宝典，表面看到的似乎是放弃，其实可以得到更多，实乃人生大智慧。

学者于丹在《论语心得》中有这样一段话："人一过而立之

心智篇

放手心境意从容，看淡得失苦乐中

年，就要学着用减法生活，也就是说，一个人30岁之前是用加法生活的，不断地从这个世界上收集所需要的东西。30岁以后，人就应该开始学着用减法生活，也就是学会舍弃那些不是你心灵真正需要的东西。"

放弃不是毫无理由的舍弃，我们这里的以退为进指的是，在心力交瘁时暂时放下，获得适当的轻松，以便更好地上路。放弃不是懦弱地逃避，而是在退一步的同时，默默地积蓄力量，思考下一步如何行动，等待机会来临的时候，去迎接旭日的东升。以退为进的法则就是摆脱烦恼束缚，拥有摆脱功名之后的轻松，卸下沉重负担后的解脱，这样地一步，我们将会迎来更广阔的舞台，生命也会绽放更加璀璨的光辉。

每个人在面对巨大的工作压力之余，还要承担沉重的家庭负担。其实适当地做些减法，对于我们的人生未尝不是一件好事。我们首先应该减掉的是对名利的过分痴迷。我们要学会自我减压，要淡泊名利，注重健康。

很多人就是在中年时期忙于工作、忽视健康而使身体亮起了红灯。"非淡泊无以明志，非宁静无以致远"。人的一生平均下来大概有三万个日子，除去吃饭、睡觉、奋斗赚钱的时间之外，留下来享受快乐的时间寥寥无几。只有减去对名利地位的过分追求，摆脱负担过重的心灵枷锁，懂得人生的进退取舍，才能在尝到人生奋斗取得成功的甘甜之后，享受淡泊名利的愉悦生活。伟大的科学家、诺贝尔奖获得者居里夫人就将荣誉视为玩具，绝不永远守着它。

俄国作家托尔斯泰写过一则短篇故事。

有个农夫，每天早出晚归地耕种一小片贫瘠的土地，但收成很少。一位天使可怜农夫的境遇，就对农夫说，只要他能不断往前跑，他跑过的所有地方，不管多大，那些土地就全部归他。

　　于是，农夫兴奋地向前跑，一直跑，一直不停地跑！跑累了，想停下来休息，然而，一想到家里的妻子和儿女，就觉得需要更大的土地来耕作、来赚钱！所以，他又拼命地再往前跑！真的累了，农夫上气不接下气，实在跑不动了！

　　可是，农夫又想到将来年纪大，可能乏人照顾、需要钱，就再打起精神，不顾气喘不已的身子，再奋力向前跑！最后，他体力不支，"咚"地躺倒在地上，死了！

　　的确，人活在世上，必须努力奋斗；但是，当我们为了自己、为了子女、为了有更好的生活而必须不断地"往前跑"不断地"拼命赚钱"时，也必须清楚知道有时该是"往回跑的时候了"，因为妻子、儿女正眼巴巴地倚着门等你回来呢！

　　生活在五彩缤纷、充满诱惑的世界上，每一个心智正常的人，都会有理想、憧憬和追求。但是历史和现实生活告诉我们：必须学会退一步！

人生感悟

　　退一步不一定就代表懦弱，代表不努力，相反它既是一种理性的表现，也不失为一种豁达的美。

如果人生决定不了开始，就去营造过程

在《功夫熊猫》中有一句广为流传的话："你的故事也许没有一个快乐的开始，可这并不能决定你的人生。你想要成为什么样的人，全看你自己的选择。"那么对我们来说，如果我们无法决定人生的开始，那么我们就要学会如何去经营人生的过程。

在地球的南太平洋屿上有一种叫作莺鸟的小鸟。它们所吃的东西为一种名叫蒺藜的草籽。这种草籽非常坚硬，外表是锋利的硬刺，里面的果肉被一层深深的内核包裹着。所以，莺鸟要吃到草籽，将果肉啄食到口，绝非易事。莺鸟首先把这种草籽顶在地上，不停地拧咬，去掉硬刺；接着将身体顶着岩石，靠上喙用劲，下喙挤压，费尽九牛二虎之力；等到最后弄掉外壳大功告成时，全身已经精疲力尽了。因此在这种小鸟中，能够顽强活下来的只是少数，大部分都因无法啄开草籽外壳而饿死。

动物学家在对这种鸟进行研究后惊讶地发现，得以生存下来的莺鸟喙长都达到了 11 毫米，只有这样才能啄开草籽外壳，吃到果肉；而喙长在 10.5 毫米以下的莺鸟，却无法将草籽啄开，只得饿死！其实，我们事业的成败和人生的命运也是由细微的差别决定的。少那么 0.5 分，可能会使我们在竞赛中榜上无名。差一个 0.5 秒，可能会让我们在田径场上与金牌擦肩而过。对于莺鸟来说，喙长是天生而成的，无法改变。可我们却可以通过自身的努力和奋斗，不断增加智慧才干，不断加长生存之"喙"，满怀信心地迎接人生的一个又一个挑战。

成功不是一朝一夕就能达到的。要想出人头地，"默默无闻"和艰苦奋斗是必经之路。虽然当时会觉得难以接受，但那是"黎明"前必经的"黑暗"。

有个清华大学食堂的小伙子，每天在食堂都要负责打扫、洗菜、配菜。他自己一直很喜欢读书和学习，每天都在不忙的时候，跟着学生一起在教室中旁听，当这些学生在玩耍的时候，他则抓紧忙完食堂的活后读书学习。最后经过每天的坚持，他获得了清华大学的自考本科证书。

很多人的生活只是一杯茶，越泡会越平淡，最后趋于无味。激情和浪漫虽然会演绎出无数不同版本的故事，但那往往只是艺术上的杰作，现实中的生活最终都是趋于平淡。如何在平淡中做出自己的一份事业，就需要不停地用心经营，而且这种经营是终生的。只要用心经营和维护，就会让生活得到永久的幸福。

基安勒很小的时候随母亲从意大利到了美国，在汽车城底特律度过了悲惨的童年，痛苦和自卑成为他心上的印痕。他那碌碌无为的父亲告诉他："认命吧，你将一事无成。"这个说法令他沮丧，他老是想着自己苦闷的前程。有一天，母亲告诉他："世界上没有谁跟你一样，你是独一无二的。"从此，他燃起了希望之火，他认定他是第一，没人比得上他。自信奠定了成功的基础。他第一次去应

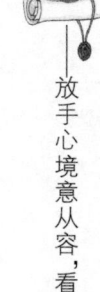

聘时，这家公司的秘书要他的名片时，他递上一张黑桃A。结果立刻得到面试的机会。经理问他："你是黑桃A？"

"是的。"他说。

"为什么是黑桃A？"

"因为A代表第一，而我刚好是第一。"

这样，他被录用了。

想知道后来的基安勒吗？他成功了，真的成了世界第一。他一年推销1425辆车，创造了吉尼斯纪录。怎么样？第一的威力厉害吧？是坚定的信心和努力拼搏的勇气使他走向了成功！

我们不可能选择自己的性别；我们不可能选择自己的外貌、高矮、胖瘦，因为这一切都是由你的DNA决定的……

我们每一个人都想获得他人的肯定，在人生的舞台上创造一番伟业，就要抛开自己的弱小，通过努力，才能获得成功！

人生感悟

结果重要，但是过程更重要。在人生的过程中，品尝酸甜苦辣，走过漫长的岁月，经营出美丽的旅程！

人生就是在不断放弃中完成跨越

人生是复杂的，有时又很简单。只要放弃得当，只要丢掉那些不值得带走的包袱，就能登高行远，就能完成人生中一个又一个的跨越。

放弃是无奈的，放弃也可能是痛苦的，但是学会了放弃，你才能够向成功的人生彼岸迈进，才能在不断地放弃中展现出真正的自我，完成人生的跨越。

柏拉图放弃了对唯物论的信仰，创立了自己的唯心论，完成了自己的人生跨越，从此和导师苏格拉底师徒二人在哲学史上交相辉映。伽利略放弃了自己的自由，誓死捍卫自己的学说，完成了伟大的跨越，才使牛顿站在"巨人"的肩膀之上。比尔·盖茨放弃了自己在哈佛大学的学业，投身商海，完成了人生的跨越，成就了20世纪人类世界的神话……因为选择了放弃，换回了成功。虽然并不是每次放弃都意味着成功，其中经历的也会是常人难以想象的曲折和痛苦，但是，如果当初没有去放弃，就无法有之后的跨越，就更不会有他们的成功。

选择不容易，放弃则更不容易，往往需要巨大的勇气。我们的一生就如同在大海中航行的生命之舟，若想驾驭好这艘生命之舟，除了要学会选择航行之线，更应该学会在该放弃的时候立马放弃。

陈丽办理好出国手续，准备前往加拿大。相恋多年的男友也在那里。拿到签证的时候，陈丽开心地给男友打电话，并且在电话中畅想了未来。往往乐极生悲，在路上她差点被车撞到，跌倒的时候，左腿却抬不起来了。送到医院去检查，是骨癌。医生让她立刻住院动手术，截去左腿，这是保住生命的唯一方式。但是，她拒绝了。一想到没有了左腿，她就失去信念，害怕男朋友会因此离开。

家人、朋友、医生、病友们反复劝她："还是做手术吧！毕竟，还是命要紧！"她却坚定地摇着头："不，对我来说，腿和生命同样重要！我宁可失去生命，也不会截断这条腿！"没有她的同意，手术无法进行。医院和家人只能尊重她的选择，为她做药物治疗。因为化疗，不到半年时间，她的一头黑发都掉光了！而这六个月的时间里，她想要保住自己的腿的强烈愿望和想要活命的强烈愿望每一刻都在交织争斗着，相互妥协着。最后，终于还是想要活命的愿望占了上风，她改变了最初的决定，同意做手术，截去患病的左腿！

她在手术单上签下自己的名字，然后，最后一次凝视了一眼自己的左腿，就被推进手术室了。手术整整进行了4个小时，她一直在昏睡中。等她再一次醒来的时候，只感到身体左下侧剧烈的疼痛。她慢慢把视线转过去，那里已经空荡荡的。她的眼泪顷刻间流了下来，心在剧烈地疼痛着，比身体的疼痛剧烈100倍！

然而，由于错过了做手术的最佳时间，她的病情急剧恶化，癌细胞已经扩散了。

每个人都会在人生中面对抉择。学会放弃是一门学问，因为不舍得放弃，可能就会丧失很多东西，乃至生命。换个角度，放手就会换来光明。智者曰："两弊相衡取其轻，两利相权取其重。"漫漫人生路，有时退一步是为了破万里浪；有时退一步，是为了响成惊天动地的风雷。

记得之前和朋友们出去玩，在车上一个朋友为了活跃气氛，讲了一个故事：一辆装载紧急救援物资的卡车，运往灾难现场，时间紧迫，在去现场的路上必经一个桥洞，但是出现了问题，桥洞的洞口低于车高几厘米，问卡车如何巧妙穿过桥洞。朋友们的回答都是不知道或者是等待其他车来运输。可是这样必定会浪费时间，在这个关键的时刻，该怎么办呢？讲故事的朋友，把答案公布给大家后，大家都恍然大悟。

这道并不难的题的答案就是：把车轮胎放掉一部分气即可。

在生活中时常会遇到这种"难题"。开始时不是一筹莫展，搞得焦头烂额，就是硬往前撞，哪管它三七二十一，结果往往会适得其反，事情会扯不清理更乱。当在生活中，我们遇到这样的难题的时候，不妨学习这位司机师傅，将车胎放一点气，赢得自己的人生。

纵观历史，也有可资借鉴的镜子。越王勾践放下尊贵的身份，以卧薪尝胆收回旧山河。所以我们在工作中、生活中，不能因为一点小小的瑕疵就撂挑子不干了。比如，在公司，因为和经理不和，然后挨批评，就想离开，不如放弃这种挨批评的情绪，兢兢业业地工作，来击败经理的不实之言。

两个樵夫靠着上山捡柴糊口，有一天他们在山里发现两大包棉花，两人喜出望外，棉花的价格高过柴薪数倍，将这两包棉花卖掉，足可让家人一个月衣食无忧。当下两人各自背了一包棉花，便欲赶路回家。

走着走着，其中一名樵夫眼尖，看到山路上有一大捆布。走近细看，竟是上等的细麻布，足足有十多匹之多。他欣喜之余，和同伴商量，一同放下肩负的棉花，改背麻布回家。

他的同伴却认为自己背着棉花已走了一大段路，到了这里再丢下棉花，岂不枉费自己先前的辛苦，坚持不愿换麻布。先前发现麻布的樵夫屡劝同伴不听，只得自己竭尽所能地背起麻布，继续前行。

又走了一段路后，背麻布的樵夫望见林中闪闪发光。待近前一看，地上竟然散落着数坛黄金。他心想这下真的发财了，赶忙邀同伴放下肩头的棉花，改用挑柴的扁担来挑黄金。他的同伴仍是那套不愿丢下棉花以免枉费辛苦的想法，并且怀疑那些黄金不是真的，劝他不要白费力气，免得到头来一场空欢喜。

发现黄金的樵夫只好自己挑了两坛黄金，和背棉花的伙伴赶路回家。走到山下时，无缘无故下了一场大雨，两人在空旷处被淋了个湿透。更不幸的是，背棉花的樵夫肩上的大包棉花，吸饱了雨水，重得完全无法再背得动。那樵夫不得已，只能丢下一路辛苦舍不得放弃的棉花，空着手和挑黄金的同伴回家去了。

审慎地运用自己的智慧，选择属于自己的正确方向。放弃自身的一些固执、情绪、利益、欲望，反而可以得到更多，收获得更多！

人生感悟

放掉无谓的一切，冷静地用智慧的眼睛去观察，去分析，做出正确抉择。让每次放弃都成为跨越困难、跨越人生的动力，最终引导自己走向坦途，收获成功的人生！

自由洒脱方可排除世间纷扰

滚滚红尘，芸芸众生。舍得放下人生的种种包袱，轻装上阵，才会生活得更加充实与轻松。一念放下，万般自在。放下那些世间的纷纷扰扰，才能自由、潇洒、轻松地游走在人生的旅途中。

舍得放下是成长智慧的必备元素，更是成就人生的最佳养分。生活多一份用心，便有了不同人生；片刻的领悟，有时足抵一生的经验。智慧就是这种发自于内心、无可取代的力量。人类的经验法则告诉我们，很多时候放下就是拾起，失去就是得到。如果总是不舍得放下，那么我们就无法拾起。得与失，放与拾，其间孕育着大智慧。

从前一位农夫上山找一位长老谈经悟道。农夫说他很不开心，他的生活过得太艰辛了，他的烦心事很多、他想乞求长老给他点化一下。

长老一听完他提到个人烦恼后，索性让樵夫左手提着茶壶跟他谈话。樵夫不明白，但长老的意思他不敢违背。樵夫一边提着茶壶，一边跟长老说话。一盏茶的时间过去了，樵夫受不了这样的酸楚，自行把左手放下，却听到长老说："把茶壶举起来说话。"樵夫只好又把手举了起来，心里不禁想道："我的手提得这么酸了，为何不让我放下手中的重物，轻松地与他对谈？"

又过了一盏茶的时间，樵夫的左手实在承受不住了，才听长老说道："现在你可以把它放下了。"看着樵夫疑惑的脸，长老居然笑了出来："你不喜欢提着重物跟我说话，为何你却喜欢带着烦恼来跟我说话，过着你的生活呢？手酸了，放下就好，对待烦恼不也是一样？或许这些烦恼就像那只茶壶一样。"

身居闹市的我们不难发现：如今我们的内心越来越复杂，越来越为一些名誉、金钱、权势所束缚。以往简单的快乐消失了，取而代之的却是整天名缰利锁。我们为了自己所谓的美好前程，使自己陷入一些无谓的争夺而不自知。其实，我们每个人的心灵深处，都有一块自己的圣地，如今我们的圣地越来越不纯洁。

现实生活中，我们感觉到的是生存的压力，每天都会有这样那样的琐事，将我们的心情变得很糟糕。当我们心情烦乱的时候，是不是可以静下心来梳理一下，哪些是必须面对需要用心解决的压力，哪些是由于事事计较而自寻的烦恼。对于那些自寻的烦恼，我们可以选择放下。一个人往往只有经历了漫长的人生跋涉后，才最终明白生命的意义，其实并不在于获得，而在于放下。

我们常被一些微不足道的小事所干扰，甚而失去理智。人生只有短短几十年光阴，而我们却"大方"地将它浪费在无谓的琐事上。许多事情是不可勉强的，许多事情是你必须放下的。只有学会放下，你才能够腾出手来去要自己真正想要的东西。学会放下，你才会真正感受到人生的乐趣。

一个青年背着一个大包裹千里迢迢跑来找无际大师，他说："大师，我是那样的孤独、痛苦和寂寞。长期的跋涉使我疲倦到极点；我的鞋子破了，荆棘割破双脚；手也受伤了，流血不止；嗓子因为长久的呼喊而喑哑……为什么我还不能找到心中的阳光？"大师问："你的大包裹里装的什么？"青年说："它对我可重要了。里面是我每一次跌倒时的痛苦，每一次受伤后的哭泣，每一次孤寂时的烦恼……靠了它，我才能走到您这儿来。"于是，无际大师带青年来到河边，他们坐船过了河。上岸后，大师说："你扛了船赶路吧！""什么，扛了船赶路？"青年很惊讶，"它那么沉，我扛得动吗？""是的，孩子，你扛不动它。"大师微微一笑，说，"过河时，船是有用的。但过了河，我们就要放下船赶路。否则，它会变成我们的包袱。痛苦、孤独、寂寞、灾难、眼泪，这些对人生都是有用的，它能使生命得到升华，但须臾不忘，就成了人生的包袱。放下它吧！孩子，生命不能太负重。"青年放下包袱，继续赶路。他发觉自己的步子轻松而愉悦，比以前快得多。原来，生命是可以不必如此沉重的。

一个人的心所能盛装的东西总是有限的。只有放下没有价值的东西，才会获得有价值的东西。放下时或可感觉痛苦，放下后却永是轻松。

平凡的我们，如果有那份从容，那么即使是小如石子，也无愧于高山巍峨；渺如微星，也不惮月之皎洁。云有亦雨亦雪的从容，它自由俯仰天地；松柏有不改初衷的从容，它听任四季变幻；花有满室清香的从容，它无憾香消玉殒；人有惬意生活的从容，他时刻拥有快乐。

忘记并不等于从未存在，一切自在来源于选择，而不是刻意。放下的越多，拥有的更多。放下悲哀，留住美好，一切都来源于你的选择。"逝者如斯夫，不舍昼夜"。过去的事情终究过去，钟鸣鼎

心智篇

放手心境意从容，看淡得失苦乐中

食也罢，一事无成也罢，终归于零。现实已经更改，你还恋恋不舍，耿耿于怀，又是何苦？放不下自己是悲哀，放不下别人是愚钝。每一个人都要懂得放下自己，放下别人。不要把生命浪费在钻牛角尖上。生命的路很长、很宽敞。

现实生活中，我们难免会遇到纷扰，如何使自己有一个好的心情呢？那就是知道事实，面对事实，处理事实，然后就把它放下。我们要积极面对烦恼琐事，勇于直面困难与挑战，不论得到或失去都轻轻放下。这是一个看似简单的道理，但真正拥有这种人生态度的人却是极少数。我们总是受困于焦虑、空想、抱怨、自卑等情绪，为自己背上了太多的包袱，让生活中充满了悲哀，从而养成了消极的人生态度。

压力虽无法避免，但我们可以"放下"。唯有懂得放下，人才能在逆境中获得快乐，重拾积极生活的信心。让生活告别沉重和平庸，离开纷纷扰扰，让人生变得更加充实且富有激情！

人生感悟

"如何向上，唯有放下"。人生就如一杯清茶，只有放下才能品出其清郁。"得之，我幸；不得，我命"就是一种潇洒自在。潇洒自在的人面对生活的风云变幻，心保持着云淡风清；即使风吹浪打，也会闲庭信步。放下的同时也是得到。当你紧握双手，里面什么都没有。当你松开双手，世界就在你手中。

你的心情决定你眼里的风景

每个人所追求的人生不同，对人生的理解也就有所不同。不同人眼中的人生是不一样的，拾荒者的幸福人生是每天盼望着自己满载而归，而那路边的老人们则希望自己安度晚年。我们的心情往往决定着自己眼中的风景。

一位画家将自己颇为得意的一幅画拿到画廊展出。为了提高自己的绘画技艺，画家在画作旁放了一支笔并附上他对每一位观赏者的要求："如果您认为这幅画有欠佳之笔，请在画上作记号。"晚上，画家取回了这幅画，发现整个画面都被涂满了记号，几乎没有一处不被指责。

画家决定换个方式试试。他又临摹了一张同样的画拿到画廊展出，不过这次他要求每位观赏者将他们最欣赏的妙笔都标上记号。当他再次取回画时，看到画面也被涂满了记号。原先被指责的地方，现在都换成了赞赏的标记。

面对同样一幅画，如果你用挑剔的眼光去审视，那么这幅画到处是缺点和失误，毫无可圈可点之处；而如果你用欣赏的眼光去体味，那么这幅画便满是优点和美丽，每一处都让人回味无穷。任何事物都有两面性，多用积极的眼光去看待身边的人和事，换一种视

角,换一种心情,也许就会"柳暗花明"。积极的人像太阳,照到哪里,哪里亮;消极的人像月亮,初一十五不一样。人生同样是一幅画,多用积极的态度去体会,你的命运将会截然不同。

自己的心情决定着自己的态度,包括你处世的态度。所以我们要学会控制自己的心情。人生是一个不断沉淀的过程,就像是制造淀粉一样。我们将土豆切丝放在容器里灌上水,泡上一两个小时后,将土豆丝捞出后,水变得浑浊,再过一两个小时,水变轻了。我们将水轻轻斜溢去,容器里便剩下了银白色的淀粉。制作淀粉非常麻烦,需要耐心,需要时间。人生又何尝不是如此?不断经历一些事情以后又不断地忘却,留下的就是自己最后拥有的东西。在人生的道路上,我们每个人都有一个沉淀自己心情的过程,一个不断扬弃、不断超越自我的过程。沉淀是一个不断积累的过程,有时候这些积累我们能看得到,比如金钱,比如地位;有时候这些积淀我们看不见,比如经验,比如内心的坚强。但是往往隐而不显的,却是最重要的。我们只有经常性地停下来,调整自己的心情,细细品读自己所想的,才能沉淀出精华。

人生犹如一个大舞台,为了生活,我们每个人带上面具,都扮演着不同的角色,生、旦、净、末、丑,组成了社会这台大戏剧。欲望催促着我们去抓取看得见摸得着的东西,当我们的心里想的都是关于这些物质的欲望,那么即使是一个人的时候,我们的心灵也得不到休息。

我们是不是独独不敢面对自己的内心?之所以不快乐,是因为想要的太多,如果我们仅仅想获得幸福,那很容易实现。但如果我们希望比别人更幸福,就会感到很难实现,因为我们对于别人的幸福的想象总是超过实际情形,但从来没有静下心来想想自己到底需要的是什么。

很多时候，我们很努力，我们不断地追求和进取，但是当我们得到那些东西以后，我们显得并不快乐，原因就在于这些东西并不是我们想要的，我们的追求只是别人的一种逼迫，是自己潜意识的一种随波逐流。保持自己的内心心情，去除浮躁，去掉虚荣，去伪存真，去粗取精，看清楚自己需要的是不为浮云遮望眼、静看碧空云舒卷的人生境界。我们需要慢慢地去寻觅，要有足够的耐心和勇气，不畏迷茫，拨开眼前的迷雾，努力看清世界的本质，看清自己的内心。一切浮躁和急功近利都会使自己步入歧途，欲速不达，甚至事倍功半。要沉淀自己，就是要清除那些在尘世中所沾染的杂质，将人生的要义沉淀在最低层，牢牢守住不放松。自己的心情稳定程度和深刻程度，决定了人生的纯度和高度。

认真地了解自己，了解自己的脆弱，了解自己的坚强，只有了解了自己才能更好地去打造属于自己的生活，只有了解了自己才能更好地去体会一切。很多时候，我们无法认清自己，当困难、诱惑来临的时候，我们就很容易失去自己，找不到生命的出口，所以静下来心，读懂自己，我们的心情就能升华自己的人生。

很多时候，我们要有一颗谦虚的心，我们要学会爱身边的人，我们要学会宽容身边的人，时时刻刻存有一颗感恩的心。同时，我们也要时时刻刻地进行自我反省，孔子还不是一日三省吗，何况我们这些凡夫俗子呢？保持一颗博爱的心才能真正地体会到生命的妙处。生命的精华存在于点点滴滴中，需要我们细细品味。岁月无情催人老，但是岁月的流逝带给我们的是生活最宝贵的沉淀，唯有经历风雨才知道生命之中还有一种美——绚烂的彩虹！品读自己所想的，接受不能接受的结果，化解种种抗拒，消化以往未了之事，随着冰雪消融，心渐渐地变得柔软了，渐渐地喜悦了，渐渐地伸缩自如了，愉悦于生命的小小火花。

闲庭信步，淡看云卷云舒；徜徉人生，只求内心平和。当我们学会在生活的狂浪中慢慢沉淀自己的心，我们便会拥有一双洞穿人生隧道的慧眼，笑对一切不幸与苦难。我们要学会慢慢地看着自己成长，看着自己的那份幼稚与青春的轻狂随风远去，留下的是沉淀后的美好。也许这就是生活，有喜有悲，有笑有泪。

记得诗人汪国真曾说过："人生并非只有一处缤纷烂漫，那凋零的是花，不是春天。"的确，风雨坎坷都是经历，荆棘并不可怕，只要拥有信心与毅力，山穷水尽总能跨越，柳暗花明近在眼前。今天，当晨霭散尽时多了一份成熟，也多了一份充实的酣畅。明天，用梦想、用期望、用真诚来祝福自己。如果，生命的长度是我们所不能改变的话，那么，就让我们来改变它的宽度，把每一天都当成仅有的那一天。让我们仔细地面对生活的点点滴滴，过好每一个属于我们的日子，无论是刮风下雨，都在内心中存有一份温暖，这才是幸福的人生、智慧的人生。

人生感悟

当我们遇到挫折和不如意的时候，不妨淡看一切，不妨用宽容的心去包容一切。有时候我们越是在乎，就越是苦恼。何必太过计较，为何不给自己一个轻松愉快的心情呢？有了好的心情，眼中的世界是不是也很美好呢？

打破心中的瓶颈，心怀坦荡人生

选择与放弃是一个人的立世之本，是左右一个人一生成败的关键因素之一。成功与否，幸福与否，就要看我们能否正确地取舍。学会放手，就能打破心中的瓶颈，拥有更为广阔的人生。

选择和放弃，是把握人生命运最伟大的力量。尤其在如今变革的时代，选择比努力更重要，是最具决定意义的人生理念和成功概念。而明智地放弃，是人生必穿越的隧道。只有走过去，打破这个瓶颈，才能看到更美的人生风景。

一旦你拥有学会选择学会放弃的智慧，便会懂得如何在瞬息万变的社会中把握机遇，扬长弃短，借势而起，从而拥有更辉煌的成功。

生命的重新缔造是需要一定的条件的。生命不仅是要有衣穿，有饭食，生命更要有一种精神的力量。当你用心去感悟人生的时候，你就会发现全新的自己，你就会发现一个更广阔的世界。

一个人如果只顾眼前的利益，他只能得到暂时的快乐与满足；一个人有远大抱负，但也需要面对现实。人生的悲喜并不是由物质所决定的，或许充裕的物质会给你带来暂时的欢悦，然而很快你就会感到空虚与不满足。

许多人误解"放下"的概念，他们认为放下就是逃避，放弃一切。事实上，放下与逃避截然不同，人生如戏，你要学会集中精力，发挥自己的作用，大多数人都迷失在自己的角色里，寻找不到出路。我们在提起和放下的哲学之中，就是要充满这种智慧，你只要有一些智慧就会发现，你看社会看得越透彻，看人会看得更加全面，你心中越不会有那种负面的东西，你的心都是光明的。

心无杂念，才会摆脱烦恼，才能打破瓶颈，才能获得成功。该提起就提起，该放下就放下，在提起和放下之间学会完美地转身。只有学会放下的智慧，学会打破心中的瓶颈，才能拥有自在、快乐的人生。

在我们的生活中，有很多看不见的条条框框圈住我们，有横七竖八的链条系住我们，是否也有许多肉眼看不见的链条在系住我们？而我们也就自然将这些链条当成习惯，视为理所当然。我们应该打破这些条条框框，打断这些链条。

马戏团的表演，老虎、大象的脚上都系着一条小小的铁链，一个孩子在看完马戏团精彩的表演后，问父亲："爸爸，大象那么有力气，为什么它的脚上只系着一条小小的铁链？难道它无法挣开那条铁链逃脱吗？"父亲笑了笑，耐心为孩子解释："没错，大象是挣不开那条细细的铁链。在大象还小的时候，驯兽师就是用同样的铁链来系住小象。那时候的小象，力气还不够大。小象起初也想挣开铁链的束缚，可是试过几次之后，知道自己的力气不足以挣开铁链，也就放弃了挣脱的念头。等小象长成大象后，它就甘心受那条铁链的限制，而不再想逃脱了。"

在大象成长的过程中，人类聪明地利用一条铁链限制了它，虽然那样的铁链根本系不住有力的大象。

于是，我们独特的创意被自己抹煞，认为自己无法成功致富；告诉自己难以成为配偶心目中理想的另一半，无法成为孩子心目中理想的父母、父母心目中理想的孩子。然后，我们开始向环境低头，永远在瓶颈之中，这一切都是我们心中那条束缚自我的铁链在作祟罢了。不妨我们试着挣脱这根铁链，打破心中的瓶颈，我们将拥有广阔的天地。

比如说一个东西你很珍惜，以古董来讲，你每天都欣赏它、抚摸它、把玩它，但是有一天不小心打烂了。有智慧的人就把它拣起来看还能不能用，如果不能用就丢弃，放下。但是没有智慧的人，打坏了一个价值连城的古董，那就会很懊悔，很难受，备受折磨，甚至几年都不释怀，其实这样做没有任何意义。古董摔碎了，已经成了过去。有智慧的做法是把它一下子倒掉，放下很重要！

有的人说累，累的其实是他们的内心，因为他们不懂得角色的转换。提起、放下，放下、提起，可能每天并没觉得自己很累，累就累在你拿起了许多东西却不舍弃，累就累在你抓起来的东西太多。可是你自己也无可奈何，你只能做眼前的这一件事情。那么你就完全安住身心把这件事做好，至于其他的事，暂且放下，管它呢。

我们有很多打破心中瓶颈的方法。比如我们当机立断，挣开消极习惯的捆绑，改变自己所处的环境，投入另一种崭新而积极的领域中，使自己的潜能得以发挥，或者在心境上挣开环境的束缚，获得追求成功的自由。

人生放弃的过程就是打破心中瓶颈的过程。懂得选择与放弃是摆脱困境、另觅通途的一种方式，也是寻回自我、重获自由的又一次生机。人的一生要经历许多的选择与放弃，每个人都是自己生命的导演，只有真正懂得选择与放弃的人，才能创造出精彩绝伦的篇章，抵达海阔天高的生命境界。

人生感悟

简单地生活便能拥有快乐的心情。当我们放下过多的欲望时，就是打破心中的那个瓶颈。放下不曾属于自己的，放下纠结不清的奢望，拥有坦荡快乐的人生！

第二章
放下仅需轻松一秒，抉择收获另片天空

由布袋和尚转化而来的弥勒菩萨的传说中，弥勒菩萨有一个很重要的动作，那就是将布袋提起和放下，以此度化众人，解开烦恼。弥勒菩萨的布袋，拿起来放下去，便代表了提起和放下。有人向他求解烦恼之术时，他将布袋往下一放，告诉你要放下，因为放不下，才会引出许多无端的烦恼。然而，看似非常简单的两个动作，却有很多人一辈子都做不到，只能在烦恼和虚妄中度过一生。因此，弥勒菩萨才会"笑天下痴迷之人"。其实放下只需要轻松一秒，放下后，便能看到另片天空。

如何抉择，鱼和熊掌不可兼得

自古以来，鱼和熊掌是不可兼得的。当面临鱼和熊掌的时候，就面临着选择和放弃的问题。如何抉择，又如何放弃呢？

"孔雀虽有色严身，不如鸿雁能远飞。"意思是说，孔雀虽然外表华丽，但是在翱翔天空的方面不如鸿雁。

很多人穷其一生所追求的都是功名利禄，他们认为就算不一定受人爱戴，但却一定要受人瞩目，这才算成功。但是问题是很少有人在成功之后不被牵累，他们直到晚年仍然翻滚在名利场中不能脱身。这就和披着华丽羽毛的孔雀一样，虽然作为众目的焦点，受到人们的赞美欣赏，但尾巴太长，身体太重，飞不高也飞不远。鸿雁是一种候鸟，长得并不十分好看，但它们在夏季飞向北国去避暑，冬天往南国去避寒，在沧溟之中翱翔，轻轻一飞就是数千里。这样海阔天空的大胸怀，孔雀当然是不能比得上的。那如果让你来选择孔雀和鸿雁的话，你会选择成为哪个呢？

苹果公司创始人乔布斯就是一个知道如何选择和放弃的人。他说：

我是幸运的，在年轻的时候就知道了自己爱做什么。在我20

岁的时候，就和沃兹在我父母的车库里开创了苹果电脑公司。我们勤奋工作，只用了10年的时间，苹果电脑就从车库里的两个小伙子扩展成拥有4000名员工，价值达到20亿美元的企业。而在此之前的一年，我们刚推出了我们最好的产品Macintosh电脑，当时我刚过而立之年。然后，我就被炒了鱿鱼。一个人怎么可以被他所创立的公司解雇呢？这么说吧，随着苹果的成长，我们请了一个原本以为很能干的家伙和我一起管理这家公司，在头一年左右，他干得还不错，但后来，我们对公司未来的前景出现了分歧，于是我们之间出现了矛盾。由于公司的董事会站在他那一边，所以在我30岁的时候，就被踢出了局。我失去了一直贯穿在我整个成年生活的重心，打击是毁灭性的。

在17岁的时候，我读过一句格言，好像是"如果你把每一天都当成你生命里的最后一天，你将在某一天发现原来一切皆在掌握之中"。这句话从我读到之日起，就对我产生了深远的影响。在过去的33年里，我每天早晨都对着镜子问自己："如果今天是我生命中的末日，我还愿意做我今天本来应该做的事情吗？"当一连好多天答案都是否定的时候，我就知道做出改变的时候到了。提醒自己行将入土是我在面临人生中的重大抉择时，最为重要的工具。

乔布斯生命中的这两则故事，虽然简单朴实，但是带给我们的是如何思考自己的人生、如何选择和放弃。人总是希望得到更多。但有的时候我们只能选择其中的一种。如果过于贪心，就容易迷失自己。

黄琴是一个公司的拓展人员，公司拓展部的主管调职了，于是公司决定从拓展业务比较好的职员里面选择一个来出任业务主管。黄琴就在后备人选中，她高兴极了，心想自己一定要好好表现。

黄琴还有一个特长就是弹钢琴，正好这段时间就有一个朋友来找黄琴，说是有一个兼职家教的活，教一个孩子弹钢琴，问黄琴是否能去，对方家长给出的工资还比较高。黄琴一想到这份兼职的薪酬比较乐观，就一口答应了。

刚开始几天还好，公司也不忙，教孩子的东西也比较简单。可是没几天，公司的拓展业务量加大了，她每天不得不白天跑业务，傍晚教弹钢琴，晚上回家还要做善后工作。一个星期下来，她的工作状态不好，业务量越来越少，单子也总是出错。而到了孩子家要教弹钢琴的时候，新的曲子也不多，总是重复练习。

一个月以后，不仅单位的升职名单里没有黄琴，她还因为工作中的一些错误而被扣了很多工资。而兼职那里也因为自己精神不佳，被家长看到，拿到的钱并没有预计的多。这个时候，黄琴才后悔自己太贪心，什么都想得到，最后却得不偿失。

很多人都是这样，总是想得到更多，却因此失去大好的机会。在我们的人生中，要得到其中一个就必须放弃另一个。首先我们要选择最重要的，其次选择最需要的，最后选择自己最想要的。

选择就要取舍，所以往往会痛苦。但如果不经历这个选择的过程，在以后的道路中会很容易迷失自己，最终导致什么都得不到。

人生感悟

鱼和熊掌的选择，你准备好了吗？学会选择，才能放弃掉不重要的。贪心的人总是希望鱼和熊掌都能够得到，但是往往因为这样，有可能更容易失败，最后什么都得不到。

这扇门关上，那扇窗打开

上帝如果给你关上了一扇门，那他一定会在另一个地方打开一扇窗。人生苦短，世界上不存在极乐天堂，没人能永远快乐没有烦恼，没有人能够逃脱不幸与不快。当遇到问题的时候，我们换一个角度看问题，会发现放弃关掉的门，转身打开的窗也是不错的选择。

"失之东隅，收之桑榆"，东隅意为日出之地，桑榆意为日落之处，在日出之地失去的，可以在日落之地得到补偿，比喻人们无须为一时的得失过于在意，而应当"风物常宜放眼量"。古人云："塞翁失马，焉知非福。"然而在生活中，人们对失去总是持消极态度，认为失去是不可逆转的。"失"的人，别为"失"而懊恼，要明白好事多磨。

这扇门关上，那扇窗打开。的确如此，人活一辈子得失兼有，

心智篇

放手心境意从容，看淡得失苦乐中

有得必有失，失后又有得。得失犹如一对孪生兄弟存在于世上，形影不离。换一个角度去看，会释然很多。

乐观的人和悲观的人也就是在一念之间，所以你所能做的就是端正态度，试着从另一个角度看问题，妥当地去应付生活中不愉快的事情。换一个角度看问题，你会看到人生异样的风景，换一个角度看问题是智慧的体现。

一个小和尚在庙里待烦了，总觉得心情烦闷、忧郁，高兴不起来，就去向师父诉说了烦恼。师父听了徒弟的抱怨说："快乐是在心里，不假外求，求即往往不得，转为烦恼。快乐是一种心理状态，内心淡然，则无往而不乐。"

接着，他给徒弟讲了这样一个故事：某个村落，有个老爷，一年到头的口头禅是"太好了，太好了"。有时一连几天下雨，村民们都为久雨不晴而大发牢骚，他也说："太好了，这些雨若是在一天内全部下来，岂不泛滥成灾，把村落冲走了？把雨量分成几天下，这不是值得庆幸的事吗？"

有一次，太好老爷的太太患了重病。村民们想，这次他不会再说"太好了"吧？于是，都特地去探望老太太。哪知一进门，老爷还是连说："太好了，太好了。"

村民不禁大为光火，问他："老爷，你未免太过分了吧？老太太患了重病，你还口口声声太好了，这到底存的什么心呀？"

老爷说："哎呀，你们有所不知。我活了这么一大把年纪，始终是老婆照顾我，这次，她患了病，我就有机会好好照顾她了。"

讲完了故事，师父启发弟子："生活在世上，能把坏事从另一个角度看成是好事，不是很有启示吗？只要抱着积极乐观的态度，面对一切遭遇，就没有什么摆脱不了的忧郁。"

每件事情都有两面，换个角度就会换种结果。换个角度思考，你的问题也许根本不成问题；换个角度思考，也会让人产生不同的心态。同样是剩了半杯水，悲观者会说："唉，只剩半杯了！"而乐观者会说："哈，还有半杯啊！"这就是面对同一事物的两种心境。换个角度思考，从消极中找寻积极的一面，让自己快乐起来；与人相处时，学会换位思考，你会发现别人的更多优点，你会包容别人的更多缺点，这样你就会拥有一片更广阔的天空。

上帝想让我们将思考的角度放得高，所以把我们的头颅放在我们的肩膀上；上帝想让我们看得更远一些，所以把我们的眼睛放在脸的上面。如果提高你的思维高度，并且能够向纵深里伸展，常常换个角度思考问题，那你就会从平凡小事中发现哲理。世上的事情都是相对的，碰到问题时，要从多个角度看待而不要直撞南墙，应该相信终会拨云见日。俗话说："笑一笑，十年少；愁一愁，白了头。"对于一件事，如果你把它看作快乐，那么你就会很快乐；如果你把它看作悲哀，你就会变得很悲哀。而且你只能选择其一。人生总有些不完满的事，遇事换个角度去思考，把它变成一件快乐的事，为什么不这样做呢？逝者如斯夫，时间总会过去，我们又为何不快乐地过呢？

有人曾经问史铁生这样一个问题："你的职业是什么？"史铁生戏谑地回答道："我的职业是生病。"在常人眼里，这样的答案简直不可思议，甚至有点荒唐：世界上哪有人把生病当作职业的？但是了解史铁生的经历之后，他们一定会改变以上的看法，对史铁生肃然起敬。

史铁生，一位轮椅上的作家，他用自己的生命去思考人生，用自己残缺的身体向世人表达健全的思想。他所经历的是常人难以想象的苦难与挫折，但是他字里行间所流露出的是让人感动的幸福与快乐。他的代表作《我与地坛》脍炙人口，感动了无数的读者。读者被史铁生在忍受病痛时仍然不屈不挠的顽强精神所折服，被他那颗深邃而又坚强的灵魂所震撼。史铁生失去的是常人的健康，但他收获的却是用生命换来的人生感悟。他自强不息的精神早已成为了一种无形的力量，激励着一代又一代的后辈向厄运挑战。

提及残疾人，健全人通常给予他们的是同情的目光，然而每当人们看到他们顽强不屈地拼搏时，所有的人无不对他们肃然起敬、惊呼雀跃、感奋欲泪！他们或缺少双手，或双目失明，或脑瘫致残，但他们共同具有的是坚强。

在第四届CCTV电视舞蹈大赛上，独臂女孩马丽和舞伴翟孝伟表演的《牵手》给在场的所有评委和电视机前的观众留下了深刻的印象。他们的舞蹈感人至深，催人泪下。舞蹈所要向世人传达的思想正是取材于马丽本人的亲身经历。

一位花季少女突遇灾难，痛失右臂。面对人生的灭顶之灾，她万分痛苦，陷入绝望的泥潭，她不知自己今后的人生路在何方。就在她悲观挣扎、痛苦呻吟之时，一根拐杖出现在她的面前。当她看到对方坚定不移、充满期待的眼神时，她燃起了对生活的希望、对梦想的追求。从此以后她和舞伴相互扶持，同舟共济。尽管未来的路困顿难行，但是他们凭着双方的爱心，牵起手来，勇敢向命运挑战，向人生的辉煌迈进。

马丽和翟孝伟的舞蹈随着音乐的抑扬顿挫时而让人绷紧神经、紧张不已，让人感喟良多，热泪盈眶。他们用最生动的表演诠释了什么叫作"当上帝为你关闭了一扇门，必定会为你打开一扇窗"。

现实中有的人经常抱怨自己付出太多、得到太少，其实他并没有意识到自己所拥有的财富。人生在世，要想得到更多，就必须学会适当地放弃，而这之间必须有一定的限度。那限度就是人的道德与良心的底线。

上天是公平客观的，它给你关了一扇门的同时，又为你打开了另一扇窗。一个人在人生的道路上不会一帆风顺，而是荆棘丛生、坎坷不断。当面临人生的苦难时，不要抱怨命运的不公，也没必要羡慕别人的财富，因为你就是上帝派来的天使，他让你经受磨炼，不断成熟，直至抵达成功的终点。

人生感悟

如果我们改变不了环境，那就适应环境，让自己保持一个好的心态，对关上的门不要一味抱怨，多去看看周围那些开着的窗吧！

放手心境意从容，看淡得失苦乐中

有所为，有所不为

人活在这个世上，需要作出选择的东西或是事情很多很多，只有经历过了才懂得如何去坚持与放手。有所为，有所不为。梦想，追求过了，才懂得如何去坚持；感情，伤过了，才懂得如何去放弃。珍惜一个心仪而又来之不易的朋友，放弃一份付出却毫无收获的感情，都是一份抉择，这是一种艺术。

人们总想抓住身边所有的一切，然而抓在手里的东西太多了，便会有一些珍贵的东西在不经意间从手中滑落，猛然发现时却为时已晚，想要寻回却不知该到哪里去寻找。在岁月的流年里，我们丢失了多少，留在手里的又有多少是自己真正想要的？随着年龄的增长，很多人都明白，拥有平淡是一份怡人的礼物，放手一些事情对自己、对别人都是一种自由的解脱。

人生苦短，世界上不存在极乐天堂，没人能永远快乐没有烦恼，没有人能够逃脱不幸与不快。即使你长途跋涉，走遍天涯海角，寻得一个看破红尘的得道之人，他或许同样也逃脱不了现实中的猜疑、精神上的不满和生活中的无聊。

放弃，是一种理性，它并不代表逃避，因为放弃也是一种明智的选择。人生在世，有很多美好而难得的东西值得我们去孜孜追求、永不放弃，但是很多东西是我们一辈子都难以得到的，这个时候需要我们有自知之明地放弃。放弃，并不是一个人懦弱的表现，而是一个人的勇气所在，因为放弃也需要无比的勇气。人一定要有勇气，拿得起，就放得下，更何况有些我们从来就没拿起过，也就不存在放不下的问题。

有些东西，不要说你放不下，这个世上就没有放不下的东西。放弃后会有失落，会有感伤，然而这些失落和感伤并不妨碍自己去重新开始。在新的时空里将音乐重听一遍，将故事再写一次，然后潇洒地转身，挥挥衣袖将背影留给那些无知的人。漫漫人生，我们要走的路还很长，不要老是驻足于身边盯着盛开在自己窗前的那朵玫瑰。相信吧，前面还有很多的美景等待着我们去欣赏！很多时候其实放弃就是得到：放弃了大山，也许你就看见了大海；放弃了花园，在你面前的或许就是神秘的森林。放弃就是得到，因为我们不可能拥有所有，我们只能先放弃才能得到。人生的整个过程就是不断地放弃再得到，不断地得到再放弃。

陈鹏和萧然大学时恋爱，如今两个人毕业后分居两地，都有各自的工作和朋友圈子。距离让两个人很痛苦，渐渐地，彼此间产生了很多的矛盾。最后两个人坐下来好好地谈了一次，两个人不是不爱，只是没有爱到愿意为对方舍弃自己现在一切的程度。于是两个人决定和平分手，这样彼此的爱情没有再破碎下去，也留下了曾经美好的回忆。

放弃，不是一个刻意的转身，而是一次自然的告别，它富有超脱的精神。其实人生很多时候都需要自觉地放弃，曾经有过想让一切成为永恒的感觉，然而随着无情岁月的冲洗，才发现它已渐渐消逝了。世间有很多美好的事物。对于我们未曾拥有过的美好，我们一直都在苦苦追求与向往。为了获得，奋斗不止。可是自己真正所需要的，往往在经历许多年后才明白，到时候我们就会笑自己，笑自己曾经无知地付出，固执地追求。我们曾经不顾一切追求的东西，到最后变得一文不值。夕阳即逝的叹息，花开花落的烦恼，都是一种遗憾美。人生有许多遗憾美，拥有的时候，我们也许正在失去；而放弃的时候，我们也许又在重新获得。

坚持的反面就是放弃，放弃所有的不可能，是为了坚持所有的可能。人生当中会有很多的机遇，但是这些机遇不可能人人都能得到。很多时候，我们没有抓住机遇，是因为我们总是停留在原地不舍得放弃，不舍得挥手。放弃就是给新的世界一个机会，放弃就是摒弃过去，迎接未来！

人的一生有很多愿望，有的愿望通过努力可以达到，但有的愿望却遥不可及，甚至是不能实现的。与其做徒劳的努力，倒不如选择放弃。

歌德说："生命的全部奥秘就在于为了生存而放弃生存。"柳宗元也讲述过这样一则故事：永州山洪暴发，几个人划着小筏逃生，渡至江心，小筏被波浪打碎。他们争相游泳逃到岸边。只有一个人，腰中缠了一千钱在水中挣扎，人们劝他丢掉钱财，但他却不肯，结果命丧水中。故事告诉我们"两弊相衡取其轻，两利相权取其重"，是智者的选择。

放弃是一种大智大勇。懂得放弃，才能走得更远。永不言弃，精神固然可嘉，但为追求一个虚无缥缈，甚至是海市蜃楼般的目标，实在有所不值。电影《卧虎藏龙》中有一句很经典的话："当你握紧双手，里面什么也没有；当你打开双手，世界就在你手中。"不肯放弃的人，到头来将一无所获。学会放弃，生命才丰富多彩；学会放弃，才能有新的目标。

放弃缠绵悱恻的感情纠葛，只把它当作一次美丽的邂逅；放弃人世间的恩怨情仇，只当作人生旅途的一次磨炼；放弃虚荣的光环，做个脚踏实地的人；放弃权势的明争暗斗，远离无谓的生命消耗。

当人生舞台趋于落幕之时，你会发现，放弃是一种收获。你收获了一份至真至纯的人间情谊，收获了一种超然物外的洒脱，更主要的是收获了一份恬静淡然的好心情。

人生感悟

月有阴晴圆缺，人有悲欢离合。月不常圆，人不常在。人生在世，我们必须要明白，有的人不去争取、不去做并不是一种愚蠢的行为，懂得放弃的人才能得到更多。坚守我们应该坚守的，放弃那些应该放弃的，人生才能充满无尽的美好。

予人玫瑰，手有余香

赠人玫瑰，手有余香。当你付出时，人生便已准备好了相应的回报。不去计较得与失，对我们来说只是失去了一支玫瑰，得到的会是满手馨香，因为帮助别人其实就是在帮助自己。

有一个盲人住在一栋楼里。每天晚上他都会到楼下花园去散步。奇怪的是，不论是上楼还是下楼，他虽然只能顺着墙摸索，却一定要按亮楼道里的灯。一天，一个邻居忍不住，好奇地问道："你的眼睛看不见，为何还要开灯呢？"盲人回答道："开灯能给别人上下楼带来方便，也会给我带来方便。"邻居疑惑地问道："开灯能给你带来什么方便呢？"盲人答道："开灯后，上下楼的人都会看见东西，就不会把我撞倒了，这不就给我带来方便了吗？"邻居这才恍然大悟。

这个故事讲到一件很平凡微小的事情，就如同赠送他人一支玫瑰般微不足道，但它带来的温馨都会在赠花人和爱花人的心底慢慢升腾、弥漫、覆盖。在生活中，我们都应这样。

人们总是在寻找快乐的源泉，不难发现帮助别人是一件幸福的事情。去帮助别人，也帮助了自己，或在心理上充实自己，对自己也很好。有证据表明，利他行为可以增加人们的幸福感。美国心理学杂志发表的一项大型心理调查结果表明，经常帮助别人的人比不经常帮助别人的人快乐得多，前者比后者患抑郁症的可能性低得多。研究者的结论就是，养成帮助他人的习惯是预防和治疗抑郁症的绝佳方法。帮助他人往往造成双赢，既帮助了别人，也给自己一种金钱无法买到的幸福。

关于蚂蚁有这样一个故事：

在非洲丛林中，一群蚂蚁被一场大火围困，眼看包围圈越来越小，无数小生命危在旦夕。这时惊人的一幕出现了，蚂蚁迅速聚集，转眼变成了一个蚂蚁球，迎着大火快速滚出火海。滚出火海的蚂蚁球，外层的蚂蚁被烧死，而大部分蚂蚁逃过了劫难。如果没有一部分蚂蚁勇于奉献自己的精神，那么这群蚂蚁的命运将是全军覆没，无一生存。

无条件的奉献与关怀，虽然并没有实际的回报，但是，做善事的人，内心会感到更快乐、更宁静、更平安，而被帮助的人也会用同样的心情回报。对他人的奉献与关怀，有各种表现形式：

比尔·盖茨宣布在他去世之后将所有财产悉数捐出，从事福利事业，他会享受最大的快乐。衣食无忧的白领去资助一个边远山区的儿童完成学业，他也将享受生活中最大的快乐。一个企业主照章纳税，去履行一个企业公民的义务；帮助一个朋友渡过难关；友善地对待家人、同事、下属；将人生经验与教训与他人分享；对一个不相识的人的举手之劳……这些都是快乐的事情。

如果你有对其他人奉献的心，你将拥有最高的快乐。和浩淼的天空以及无限的宇宙相比，我们的生命太缈小。在有生岁月里，我们应该以一种什么样的姿态站立在世界，我们如何生活，我们为什么活着，这是每个人都应该认真思考的问题。当然，我们可以仅仅为了自己而活，这时你可以感到一种肉体上的快乐。但作为一个人，我们不仅有肉体，还有感觉情绪，我们自己还有精神和灵魂。我们不仅有自己的小我，我们还有一个大我，一个全人类的无我。如果只为私欲而活，我们和行尸走肉的区别是什么？难道我们不要精神和灵魂？

当我们合理地实现自己的基本需要之后，生命的价值成为我们应该努力探索的一个话题，那就是失去的和得到的。只有这样我们才会发现生命的真正意义，我们的生活将变得更有意义。在这其中，奉献就是我们实现人生价值的一个最好的方法。因为奉献使我们变得更高尚、更美丽、更快乐、更幸福、更荣耀、更受尊重和他人敬佩。奉献他人可以使整个社会更加和谐、更加美丽、更加人道、更加有前途、具有深远意义。当欲望还在作祟的时候，我们想知道，如何面对？是做利益和欲望的奴隶，还是做它们的主人，致力于奉献社会？我们都会为社会人生的旅途提交一份满意的答卷。

现在有些人认为奉献是愚蠢的，只有多捞多得才是生命的价值。捞名捞利，捞的都是镜花水月，而且一旦不能满足便增加无穷烦恼，怨天尤人。这种人生观是卑微的、自私的。如果把追求金钱与名利看作生命的价值，那无异于用一根根金条缚住自己的手脚。与那些用双手对社会与众生作出奉献的人相比，他们的生命是毫无价值的。我们享受着众生的奉献，同时便担负了给众生以奉献的责任，这就是我们的生命意义。一沙一滴，一草一木，原本皆不平凡。阳光、空气、宇宙万物之所以长久广大，在于它们始终的奉献，而不索取。人类需要重新学习：爱自然、爱众生、爱一切。互相关爱、无私奉献是自然的法则，是无上的正道。

幸福是最动听的歌曲，其主要旋律就是舍得奉献，这是因为快乐源自奉献。如果一个人有多少奉献就获得多少利益，那么他的生命为零。如果一个人只一味索取，没有牺牲，他的生命就是负数。我们相信，有这样一个恒定的公式：幸福＝奉献。我们牢记这个公式，以认识生命。生命的辉煌，有时就是奉献。奉献者虽然要付出更多，但他们却收获了魅力、诚信、尊重和其他宝贵的"无形资产"。这和马斯洛理论的多层次的需求一致。"奉献之乐"给人以纯洁的心，给人以无限的信心和鼓励，给人以幸福和希望。奉献不是可望而不可即的事情，而是与我们的日常生活密切相关。当千百万人为敬业奉献聚集在一起，他们会形成强大的冲击力，这种力量让世界充满爱，社会更加和谐，生活更加美好。

人生感悟

送人玫瑰，手上心里都得到芬芳。虽然是一支小小玫瑰，但是在这赠与得的过程中，我们尝到了人生舍与得的快乐，找到了快乐的源泉。

放手心境意从容，看淡得失苦乐中

不愿付出只想索取，只会越走越窄

林清玄说过："珍惜世界，先学习在社会这壶茶里，做一片茶叶！"什么是茶叶？为什么要做一片茶叶？看过泡茶的人都知道，一杯好茶就是由一叶叶的茶叶构成，经过一道道泡茶工序，最后成为一杯好茶。一片茶叶的世界是整个杯子的世界，这样才能达到茶水相融的世界。

一杯茶中，茶叶是最根本的，我们每个人在这个世界中，都是那一片片茶叶。每个人都期望这个世界是美好的，只要我们每个人能多对他人付出一些，相信一切都会美好的。

李春燕，27岁，是贵州从江县大塘村乡村医生。三年前，李春燕从卫校毕业后嫁给了大塘村一个苗族青年，成为一名乡村卫生员，并且在自己家里开设了一间卫生室。

大塘村是一个苗族村寨，只有她一个乡村卫生员，有2500多名苗族村民，生活极其贫穷。这里向来缺医少药，过去，村里没有医生，得病了，除了苦熬，就是请鬼师驱鬼辟邪，或是用"土办法"自己治疗，死了，谁也不知道是啥原因。现在，大家已经逐渐习惯了生病去李春燕那儿打针吃药，有了初步的医疗保障。李春燕，严格地讲不能称作医生，只能叫作"卫生员"，因为她没有编制，不享受国家的工资和其他待遇。由于工作环境差、入不敷出，我国的大部分乡村卫生员已改行或外出打工去了。李春燕也遇到过相同的问题，乡亲们来看病，没有钱付药费，只能记账赊欠。2004年初，一直赔本经营卫生室的李春燕决定关掉卫生室，和丈夫一道去广东打工。当他们正准备出门的时候，闻讯而来的乡亲们正好赶到。村民们掏出皱巴巴的一元、两元钱递给李春燕："李医生你走了，我们可怎么办？这是我们还你的账，不够的话我们明天把家里的米卖了，给补上。"李春燕于是没有离开。这是李春燕留在这艰苦的地方做乡村医生以来唯一想放弃的一次。

这就是李春燕的故事，虽然渺小，可是让所有人为之动容。这就是她身上的那种奉献精神。奉献是什么？奉献就是这么纯粹朴实的东西，随着时间的流逝、岁月的积累，生命不期然地散开，散发一种芬芳。这种芬芳，不易察觉，却真实存在着。

人生在世，有时候最快乐的事情，不是我们赚取了多少钱，不是我们成了多大的名人，也不是我们能够多么能呼风唤雨，最幸福的是，因为我们的帮助，很多人变得幸福快乐。世界上所有的人都需要帮助，没有一个人是完全独立的，再强大的人也需要别人的帮助，所以我们要乐于奉献。同时我们一定要清楚，不是成了富翁才能搞慈善，很多时候，贡献的是一种心情和鼓励。也许你的一个举手之劳就能让一个人变得快乐了，也许你的一个友好的眼神就能让一个人在冰冷中得到了温暖。

帮助别人，也就是帮助自己，让自己以后的道路越来越宽。相反，不会付出、一味索取的人，他的路只能越走越窄。

有时候，我们每一个人看似很渺小、很普通，似乎有没有我们无所谓，可是我们必须这样想，世界就是由一个个的人构成的，每一个人都很渺小，可是这并不妨碍我们活得有意义。很多时候，精彩的东西就是在一个人身上发现的。一滴露珠也能装得下整个太阳，不是吗？所以每一个人都是不可或缺的。人生之旅好似一杯茶，把真诚与付出挥洒在人生之路上，浸泡进人生这杯茶里，经过岁月苦难的洗礼，生命才能犹如茶叶般舒展圆润，散发芬芳。

在自己的人生旅程中，我们要用一种高度清醒的态度去面对我们的未来。要知道，不管这个世界怎样改变，你的未来都可以用现已存在的渠道或者未来可以寻找到的渠道得以实现。这一点在我们的工作中表现得尤为明显，我们需要用付出的心态去对待自己的工作，只有这样，我们才会迸发出强烈的工作激情，才能为自己的工作不断努力。付出精神会激发我们对人生的积极心态，在你的付出心态之下会彰显出各种优秀的品质，从而驱动着你向着自己的梦想不断前进。

我们在工作中会遇到大大小小的事情，用付出的心去面对工作，你会发现工作对你的重要性，你开始在意你的老板、同事，开始关心你职场中遇到的每一个人。真正的付出应该是真诚的、发自内心的，而不是为了某种目的迎合他人而表现出的虚情假意。与溜须拍马不同，自愿的付出是自然的情感流露。真正付出的人，他的为人处世总是主动积极、敬业乐群的，他总是给人一种未来的前途不可限量的感觉。他们会成为企业的栋梁，也会成为走向成功的人。

生活多一份用心，处处付出自我，在付出中得到的领悟，有时候足抵一生的经验。付出是成长智慧的必备元素，有了对他人的付出，自会得到他人的帮助，获取人生的最佳养分，才能更快地到达目的地。

人生感悟

如果你能每天带着一颗付出的心去工作、去生活，相信你将不再认为每天的生活就是在承受压力；相反，你是在享受着积极工作和积极生活所带给你的快乐和喜悦。这种心情让你感觉时间过得很快，自己离当初的梦想越来越近了，相信你一定会收获人生更大的成功。

成功的最大支撑力是自制

想获得成功，自我控制是必须的。自制意味着我们要放弃不好的习惯、欲望等。我们必须学会约束自己，时时审视自己，不要让一些坏习惯影响了自己的成功。

英国作家迪斯雷利告诉我们："为小事而生气的人，生命是短促的。"富兰克林也曾说过："极其严格的自我控制乃是富于理想的人类所孜孜以求的伟大目标之一。它不是单凭冲动，也不是单凭一个接一个的欲望的刺激，而是通过自我克制、自我平衡以及那种类似于议会式的自我管理，使人们在行动之前，仔细想想，再三权衡。"

吃喝玩乐，每个人都喜欢。但是面对灯红酒绿的环境，我们要懂得适可而止。懂得放弃、学会自制才能作出对的选择。俗语说"小不忍则乱大谋"，我们要慎重地经营自己的人生，不能贪婪无度。

生活中，我们会碰到许多诱惑，它们总是展示迷人的一面，引诱我们渐渐远离自己的理想与目标。面对诱惑，自制力弱的人往往不知不觉陷入其中；自制力强的人却能控制自己作出有利于自己和符合道德规范的行动。

所以学会自我管理，懂得自我克制，这是每个追求成功的人都必须学会的重要一课。自制力是个体在没有外界监督的情况下，适当地控制、调节自己的行为，抑制冲动，抵制诱惑，延迟满足，坚持不懈地保证目标实现的一种综合能力。它是自我意识的重要成分，是一个人走向成功的重要心理素质。

突如其来的怒气，容易造成灾难，而自我克制能带来平静和财富，能免除激烈的争执。有位名人曾说过："性情暴躁而不知控制的人，就像没有城墙护卫的城邑，而没有城墙的护卫是不会坚守多久的，被攻陷是迟早的事。"

古往今来，在很多战役的两军对决之时，激将法是常用的一种战略。而血的教训告诉我们：战争的最后胜利者往往是属于具有强大自制力的一方，无法忍一时之气往往容易入套，最终的结局是输得一败涂地。

亚伯拉罕·林肯在年轻的时候非常容易冲动，也十分好斗。直到后来，他懂得了怎样控制自己，成了最有耐心的人。在一次采访中，他谈到是在黑鹰战争期间，他懂得了控制自己脾气的必要性。从那时起，他就养成了耐心的好习惯。

查尔斯·斯图尔特·巴涅尔在青年时期脾气十分暴躁，很容易发怒。有个人看到他坐在马路边，就问他："喂，小伙子，你有什么问题吗？"就这样一个纯属平常的问题就引起了他的怒气，和那人打了起来。对方是两个人，他击倒了其中一个。因为这件事，他也被驱逐出了剑桥。他的辩护律师也承认他的缺陷，他的脾气过于暴烈，所以被审判团惩罚。他不但容易被激怒，还容易局促不安。在他第一次作演说时，差点晕倒在讲坛上，为此选民大为泄气，所以，都投了另一个人的票。

但几年后，巴涅尔却掌握了大英帝国的大权。格莱斯顿先生在谈到他时说："巴涅尔是我见过的最杰出的人物。我在一次演讲中曾对他进行了强烈的谴责，但他一直泰然自若地坐在那里，一动不动。他专心地倾听，很有礼貌，脸上毫无表情，一点儿激动的样子也没有，很镇定的样子。他泰然自若的、简短的演说，对国会意见的淡然处之，都是非常的不同寻常。他与别人在这种场合的习惯做法大相径庭。"

从上面的例子可以看出，不能很好地控制自己的情绪是不可能取得成功的。暴躁的脾气带给我们的只有失败。

一个人不能控制自己，就不能征服他人。只有先控制自己，才能征服他人。反省一下生活中的我们，是不是也有必要进行自制力的训练呢？如何增强我们的自制力呢？一是善于迫使自己执行定下的决定；二是善于抑制与自己的目的相违背的愿望和行动。

学会控制情绪是一个人成功和快乐的要诀。在遇事而刚刚产生愤怒时一定要把坏情绪遏制在萌芽状态，千万不要让它爆发，否则就会造成不良后果，甚至会导致自身的毁灭。在现实生活中，许多人动不动就暴跳如雷。许多本来很好的事往往因泄一时之愤而告失败，事后后悔为时已晚。处理人际关系如此，处理家庭关系如此，处理商战亦如此，只要能克制自己的愤怒而保持微笑，就将无往而不胜。忍耐是一种高等素质的象征，不能忍耐的结果就是失败。

比常人多一点自制，就会比常人多很多成就。想要成就一番丰功伟绩，超强的忍耐力和自我克制能力必不可少，盲目的冒进和冲动并非真正的勇敢，它只会让你走向失败。要坚定自己的信念，不被任何外来力量所左右，循着既定的目标，历练自己的自制力，相信会更快地使你走上成功的道路。

人生感悟

成功的秘诀在于懂得怎样控制自己并超越自己。假使你懂得怎么支配自己，你就是一个最成功的自我教育者。只要你能控制自己，你就是一个有修养的人；如果不能做到这一点，那么所有的教育都会成为一句空话。

找准梦想风向，掌舵直奔曙光

每个人都有自己的梦想。也许我们会有这样的经历，为了一个梦想奋斗，结果进行到一半的时候，却发现当初的愿望太过于美好，脱离了实际，根本无法实现。所以梦想的方向很重要，我们要找准方向，所以就要学会放弃不切实际的幻想，这样才能直奔曙光。

西方有句谚语："如果你不知道要到哪儿去，那通常你哪儿也去不了。"通常有梦想、有追求的人都有一个明确的奋斗目标，因为他懂得自己活着是为了什么。因此他的所有努力都围绕这个明确的目标进行，他知道自己怎样做是正确的、有用的，什么做了是无用的，不去浪费时间和生命，更快更好地达到自己的奋斗目标。

有梦想的人一般会感到心里很踏实，生活和工作都会很充实，不再被烦琐的事情所干扰，少走很多弯路，做什么事情都显得胸有成竹。相反，那些没有梦想的人通常会感到迷茫，心里空虚，注意力集中不起来，做事情也分不清主次，遇事犹豫不决。一个有梦想的人，比没有梦想的人对自己更满意，在人生道路上更有耐力，面对人生的挑战更加平静和自信。

美国前总统克林顿在自传《我的生活》中写道:"法学院刚毕业那会儿,我还是个小伙子,十分期待着马上开始自己的生活。我还没有忘记,自己给自己定下的目标。我要当个好人,娶个好老婆,养几个好孩子,交几个好朋友,做个成功的政治家,写一本了不起的书。"

克林顿自从给自己定下目标后,没有停留在幻想中,而是不断制定更加清晰明确的阶段性目标。1973年,27岁的他从耶鲁大学法学院毕业,回家乡阿肯色州州立大学担任教授,在那里,他的家族有深厚的人脉资源,更有利于他从政。

三年后,他出任阿肯色州司法部长,并于两年后竞选州长成功,连任到1992年。在担任州长期间为了扩大自己的影响力,他又担任美国南部经济发展政策委员会主席,兼任全美国州长联席会议主席,并协助总统主持国家最高教育当局的工作。

1990年,他成功当选为民主党最高委员会主席。在1992年,他当选为美国总统。

什么是梦想?是人们对美好未来的想象,是一种同奋斗目标相联系,有实现可能性的向往和追求。高悬梦想,把握自己的命运,勾勒伟大蓝图,实现自我价值。幻想与梦想的区别就在于:幻想虽然反映了人们的一定需要和愿望,但离现实较远,不表现为确定的努力追求的目标;而梦想总是建立在现实可能性的基础之上,具有明确的、努力追求的目标。

梦想人皆有之。每个人都是人生舞台上的主角,都对人生抱有某种向往和追求。人生活在社会中具有多方面、多层次的需要。除了物质生活的需要外，不能缺少精神的需要。一个人只有树立了崇高的人生梦想，才能有饱满的热情投入工作、学习和生活中，才能奋发图强，最大限度地实现自己的人生价值。相反，没有梦想和崇高的精神追求，就没有奋斗目标，将落得虚度终生。

同样，梦想不能天马行空，所以我们要及时修正不切实际的目标，以保证正确、实际目标的实现。一个人确立奋斗的目标，不根据自己的实际情况来确定，与自己的自身条件相去甚远，那就不可能达到。为一个不可能达到的目标而花费精力，同浪费生命没有什么两样。

很多人想一下子变瘦，当然，这是每个体重超标的人的期望，但这是不切实际的。为自己设定不切实际的目标，也是很多减肥者的一个误区。比如，你想要在一周之内减少 20 斤以上的重量，一旦到周末你没有达到这个目标，就认为自己失败了，便放弃了继续减肥。这个是非常不可取的。因为人体的代谢都需要一个过程，所以，如果想通过控制饮食和有效运动的方式来获得体重的减轻，一定要科学地设定目标，并且有个循序渐进的过程。目标要尽量提得具体可行，要有标准可以衡量。常言说得好，无志者常立志。确实，有些人你就看见他经常确立目标，但最终却没有一个真正的目标。相反地，你也许从来没有见过这么一个世界级的长跑运动员，他会随随便便地说："明年我要跑得更快一些。"但事实上，在他内心里面确实有一个目标，有一个实实在在的、确定的数字。

同样，为了完成一项考察南极计划，你不会笼统地说："我要在两个月之内变得更健康一些，那样我就可以保证自己的身体进入南极没有问题了。"而相反地，你可能要具体地说："我要在半年内，把舒张压降下十个点数。""半年之内，我要减轻20磅。""半年之内，我坚持每天跑两三公里。"

如果你的目标是成为一名出色的市场经理，也就是说为公司开拓更多的渠道、完善市场，或者希望改变公司的市场区域，那你就可以这样说："经过考察，明年我将带领团队进驻那些城市。"而不能简单地说"明年我想进哪个城市就进哪个城市"。

飞鸟在蔚蓝的天空翱翔，水中的鱼儿看见了，羡慕得不得了。一次飞鸟在池塘边喝水，鱼儿问飞鸟，自己能不能像飞鸟一样，有一天能在天空飞翔。飞鸟想都没有想就回答道："可以。"飞鸟喝完水就走了。从那一天开始，鱼儿每天就练习自己在水中跳跃，试图有一天能像飞鸟一样在天空翱翔。每天跳高一点，鱼儿就很开心，觉得离能飞的日子不远了。终于有一天鱼儿因用力过度，跳到了池塘边，结果因为没有水源，很快就死了。

我们的梦想如果脱离了实际，超过了自身所能达到的高度，即使我们再努力，费尽心机或者付出高昂的代价，也不会取得成功，那么我们就要学会放弃这种没法完成的梦想。

梦想之所以为目标，正是因为我们当前还不能达到它，但是可以通过努力在未来的某一天能够实现。所以，它是作为一种可能性而存在的，那些不切实际的目标要及时修正，这样才能有张有弛、伸展自如。

缘木求鱼，刻舟求剑，都是不切实际的目标，浪费了时间精力，最后也失去了宝贵的机会。如果梦想的实现可能性等于零，那不管是谁，都无法完成；而如果反过来，它的实现可能性是100%，那它就可以转变成激励你的动力。

人生感悟

生命是一条单行的没有回程的旅途，在这旅途中会有高潮和低谷。确定了梦想，让它作为我们人生道路上的北极星，你就会朝着这个目标奋斗，然后实现这个目标。所以我们要记住一句话：当你朝一个正确目标前进的时候，全世界都会给你让路。

大弃大得，小弃小得

舍与得是人生抉择的较量。舍是一种智慧，得是一种勇气。真正的智慧人生，是要学会舍与得。舍得是一种人生哲学，也是一种人生态度，是一种品质，更是一种心境、一种境界。舍与得之间蕴藏着不同的人生际遇。

泰戈尔说过："当鸟翼系上了黄金，就再也飞不远了。"从某种意义上讲，人生是愈得愈少，愈舍愈多。

有个年轻人在奋斗中，从默默无闻而成为声名显赫的商人，人们十分敬重他的才华和毅力。然而正当他春风得意之时，残酷的商业竞争又让他再次沦落到一无所有的境地。当名誉与金钱像烟尘一样从他眼前飘走时，他沦落了。一天，一位白发须眉的老僧从他身边走过，又折回来，站到他面前，双手合十，向他讨施。年轻人羞愤地说："我已一无所有，拿什么施舍给你？"老僧说："世本就一无所有。"年轻人觉得老僧是在嘲讽自己，便默不作声。不料老僧却笑而不去，只见他轻轻从拂袖里掏出一枚钱币，递给年轻人说："你没有，我有。"年轻人接过老僧手中的钱币，正当他想把钱装进自己的口袋时，老僧却忽然说道："现在你有了钱，可以施舍给我了吧？"年轻人气急败坏地瞪着老僧，但最终还是把钱交还了老僧。那原本就不是自己的东西，他无法把这一切都迁怒于老僧，况且他也曾经是个绅士。老僧并不离去，望着年轻人说："你很痛苦，是吗？因为你得到的东西，又忽然不见了。"年轻人沮丧地低着头。老僧自言自语道："你又何必为失去这一枚钱而耿耿于怀呢？"年轻人望着老僧，想反驳什么，却忽然觉得老僧是想告诉他什么，于是沉默地望着老僧，想着老僧的一言一行。老僧看出年轻人的心思，便问道："遇到我之前，你无分文，对吗？"年轻人点点头。"那现在呢？一样一无所有对吗？"年轻人再次点点头。"那么，你又有什么是放不下呢？"年轻人似有所悟，老僧含笑离去。

　　年轻人其实本来一无所有，正是因为他得到了一些，所以在失去的时候才觉得非常痛苦，可是仔细想想，本来就不是自己的啊！一生中我们经常会遇到舍与得的难题。有时候放弃、舍去并不是一种失败、吃亏，而是放下了思想上的包袱、身体上的负担，只有这样我们的奋斗目标才会凸显，我们轻装上阵，才会加快成功的脚步，进而体味理想人生的真谛。

　　有一个登山者，他一心一意想要登上世界的最高峰。在经过多年的准备之后，他开始了自己的征程。他希望这次登山的殊荣由自己独立担当，所以他没有通知其他伙伴，自己一个人出发了。在山脚下，他开始攀爬了，但是显然时间有些不对，有些晚了，但是他不在意，他放弃了准备宿营的帐篷，而是开始认真地准备爬山的装备。开始了，他不断地向上攀爬，没有丝毫松懈，紧张而有序。他相信，只要心中有个坚定的信念，认准目标，自己就一定会站在世界最高峰。但是天色越来越暗，直到最后周围变得漆黑一片，什么都看不见。山上的夜晚显得格外黑暗，原本明亮的月亮和星星也被厚厚的云层遮挡住了。即使这样，登山者也没有丝毫犹豫，更没有放弃，依然不断向上攀爬。危险来了，是那样突然。就在距离山顶只有几尺的地方，他的登山鞋打滑了，整个身体迅速跌了下去。在这坠落的瞬间，登山者的一生，无论好坏，都一幕幕浮现在眼前，愈来愈深的恐惧，也充盈着他的脑海。此刻，是死神离他最近的时候。突然，束缚在他腰间的绳子紧紧地拉住了他，他被吊在了半空中。刚才的恐惧还没有完全散开，他不禁脱口而出："上帝啊！救救我吧！"

　　这时，从远处传来一个低沉的声音："你希望我能为你做些什么？"

　　"上帝，救救我！"

　　"你真的确信我可以救你吗？"

　　"当然！"

　　"那就割断束在你腰间的绳子吧！"

这个回答无异于重复刚才失足坠落的恐惧。经过短暂的寂静之后，登山者决定继续抓住腰间的绳子，而且比之前更用力。第二天，搜救队发现了他——一具挂在绳子上冻得僵硬的尸体。之所以这么快就发现了他，是因为悬挂他的地方距地面仅仅十尺的距离。

很多时候，我们就是因为害怕失去所以才失去了。这个登山者其实可以放弃恐惧得到生命的，可是他没有，他怕他丢开绳子就失去了生命，但结果是他因为没有勇气丢开绳子而失去了生命。

舍与得，既是一种精神，也是一种领悟。每个人都有过面对舍与得的徘徊心情，每个人都有过面对得与舍的无奈心境。当你内心已满之时，请舍下一些东西，抛却一些思绪。没有人知道自己想要的究竟有多少，没有人会说自己其实什么都不想要。面对世界上纷杂的新奇事物，我们有太多的强烈欲望，因而人生也充满了太多的"一舍一得"。

何时舍，舍什么，怎么舍，全在于一个人的理性抉择。舍，不是漫无目的地舍，舍的过程中要衡量利弊。辨其现象，析其真谛：舍得是亏也是盈，舍得是出也是入，舍得是因也是果。"舍"与"得"也可以说是一种交易，一种左手对右手的公平交易。怎样"舍"，又怎样"得"？值与不值，在于人们心中的标准，不同的人有不同的标准。

在人生路上，每个人都是在不断地累积东西。这些东西包括你的名誉、地位、财宝、亲情、人际关系、健康等，当然也包括了烦恼、苦闷、挫折、沮丧、压力等。我们一定有过年前大扫除的经历吧。当你一箱又一箱地打包时，一定会很惊讶自己在过去短短一年内竟然累积了这么多的东西，然后懊悔自己为何事前不花些时间整理，淘汰一些不再需要的东西，如果那么做了，今天就不会累得你连脊背都直不起来。人一定要随时清扫、淘汰不必要的东西，日后才不会变成沉重的负担。这些东西，有的早该丢弃而未丢弃，有的则是早该储存而未储存。人生，就是一个不断寻找、不断拥有的过程。因为不曾拥有，所以努力去寻找；因为失去拥有，所以不停地追寻。有的时候，你拼命去寻找，却失去了原本拥有的；而当你放慢脚步，换个角度，你失去的就会得到。就像古希腊著名寓言家伊索曾说的："有些人因为贪婪，想得到更多的东西，却把现在所拥有的也失掉了。"

可能有时候某些因素也会阻碍我们放手进行扫除身边的纷纷扰扰。譬如，太忙、太累，或者担心扫完之后，必须面对一个未知的开始，而你又不能确定哪些是你想要的。万一现在丢掉了，将来又捡不回来怎么办？

生命就是一次长途跋涉，很多时候我们会背负很多，而且我们真的不懂得如何去丢舍，如何把包袱放下。然而长途之中，我们的体力是有限的，不懂得丢弃就是不能再拾起，不懂得放弃就是不懂得再拥有。所以我们要学会进行心灵清扫，要学会拂拭尘埃，始终让自己保持清爽，保持干净的心态，就像是小时候那样，我们要保持一颗纯真的心。

舍与得，更是一种智慧、一种人生境界。舍去平坦的大道，你会得到上升的阶梯；舍去脆弱的孤舟，你会得到成功的桥梁。舍去未必就是坏事。最重要的，不是路途的远与近，成功的难与易，而是最终的目标。偶尔回首自己曾走过的路，细数那些经历过的困

心智篇

放手心境意从容，看淡得失苦乐中

苦，审视自己所达到的位置，反思自己的舍与得，或许你会发现没有什么难以割舍。正所谓，不舍不得，小舍小得，大舍大得。

人生感悟

舍是哲学，得是本事。舍，看起来是给人，实际上是给自己。懂得值得，你才会快乐。经营人生，人生奋进。用听得明、做得到的方法，会让你得到幸福、自在、喜乐、善美。

情感篇

——情字难解亦难消,转身自此展眉梢

◇ 第三章　潇洒尽在完美转身,抓住幸福指日可待
◇ 第四章　执着欲望似火焚身,深陷绝境怎能自拔

第三章
潇洒尽在完美转身,抓住幸福指日可待

情感是每个人都经历过的,然而不是每个人都能在第一次恋爱的时候就能遇到真命天子。在情感的领域中,总是有太多的难关、选择、挣扎与惶惑。当感情遇到创伤,我们该如何做?苦苦哀求对方,失去自我?人总是没那么简单,就能找到对的一半。在遇到失败的感情的时候,我们要学会放手,潇洒地转身,寻找真命天子,也许在转角就会遇到爱。

爱情贵在选择

爱情,是每个人都追寻的。选择,是幸福的开始。我们相信,幸福只有一步之遥。我们会选择怎样的一份爱情,想要一份怎样的幸福?

爱情,从来就是一件千回百转的事。突如其来一秒钟的悸动,如烟花般绚烂上升入人的心房最上空,而后消失不见,留下暗淡无光的夜幕,偶尔闪过一颗星……。

马克思在 18 岁的时候和贵族出身、有"舞会皇后"之称的燕妮相恋。他们之间的爱情,成为马克思创造激情的重要动力之源,也是燕妮抗拒世俗压力、甘守贫困的精神动力。爱情是歌德终其一生孜孜追求的目标。爱情曾经给予他不尽的欢乐和幸福,也给予他不尽的苦恼和忧伤。正是那一次次激动、一次次相恋、一次次失望、一次次痛苦,激发了他创作的动力和创造的灵感,使他创作出一部部动人心扉的巨著名篇,一步步攀上世界文学的辉煌极顶。所以,伟大的爱情能给我们带来无穷的动力!

徐克导演的《女人不坏》,是一部带有超现实夸张色彩的流行喜剧。故事虽然浅显,却隐藏着不同层次的对于女性关于爱情和价值观的探讨。泛泛是一位在男性体验中心工作的女医生,患有僵硬症、戴着厚眼镜的她深深地渴望着爱情，而她的新疆舞蹈老师告诉她，一切都在于她的选择。

唐露是一位已过三十的商界女强人，美貌与气质俱佳的她是个会让所有男人脸心跳的女人。可是，身边充斥着追求者的她却是一个女权主义者，坚持着独立的生活。铁菱玩拳击，是个摇滚乐主音，但是她坚强生活的精神来源却是她那想象中的并不存在的男朋友——大明星×。

选择？是的！泛泛选择了为了爱情不顾一切，不管那个人是不是爱她，只要他能一直陪在她身边就好。唐露选择了证明自我的女强人之路，不依附男人，独立自强。铁菱选择脱离幻想，从梦境里走出来……

三个女人，三个爱情，其实已经给了我们答案，那就是坚持你自己的选择。

每个人都想能过得轻松一点，过得好一点，这并没有错。但为了能过上更好的生活，而抛弃原有的感情，或者出卖自己，这样真的值得吗？

当你的生活中出现了一个比原有的爱人更帅气或者漂亮的追求者，该如何选择？生活并不容易，然而能找到一个真心爱你和你爱的人在一起也并不容易，如何作出你认为正确的选择，我想这会是你幸福或者后悔一生的决定。

追求华丽的物质生活，何尝不是一种束缚？就像沙子握得越紧越容易流失一样，生活中的很多事情越是不愿意放弃，可能就越难得到。相反，很多时候懂得选择学会放弃，我们有可能得到很多意

外的收获和内心的平和。

得失之间，柳暗花明，明智地放弃，结局会有所不同。放弃是一种超然而不失水准的选择，如果选择不对，努力就会白费。欲望无罪，太过不对，生活是一种冒险，需量力而行。只有正视自己，才能做出适合自己的选择。

女人，可以不美丽，但不可以不幸福。而能否获得幸福，常常取决于女人那一念之间的抉择。所以选择对于一个女人而言，是非常重要的。拥有幸福的爱情，执子之手，与子偕老，共同打拼未来，一起走过人生的酸甜苦辣，这是一辈子的财富，是永久的幸福。相比为了物质，抛弃最初的爱情，得到的只会是短暂的。没有感情的婚姻，在一起生活是多么的不幸啊！

当一个女人以正确的人生态度去探寻生活的未知，去努力，去拼搏，就能在追寻的旅途中觅到生活里春暖花开的一天。当然，选择的同时也就意味着放弃，因为有所弃才能有所得，放弃短暂的物质，赢得永久的幸福。不要等老了以后，觉得这一生因为做出了错误的选择而需要付出巨大的代价。

为了以后的不后悔，为了自己的幸福，擦亮自己的眼睛，好好地看看这个世界，看看自己的幸福！

人生感悟

爱情贵在选择，勇敢和智慧地进行选择的女人，能够把握住生命中真正宝贵的财富，收获家庭、爱情和事业的硕果。

远离婚姻生活中的雷区

原本相爱的两个人常常会为了一些琐事吵架,不是恶语相向就是冷战对抗,彼此很难从婚姻生活中体会到幸福的感觉。为什么原本相爱的两个人,相处起来却如此艰难呢?婚姻难道真的有地雷区?如何避开雷区,获得幸福婚姻呢?

婚姻中的你我,会不会经常听到这样的抱怨呢?"你怎么不听我说话?""你又花钱买这些乱七八糟的东西!""你总是忙于工作应酬,对家里不管不顾!""你这样对孩子太严厉了,不行!"

夫妻类型,无非就是以下几种:新婚燕尔、老夫老妻、从一而终的、屡败屡战的、没孩子的、正计划要孩子的、收养孩子的……背景各异,却不约而同地上演着类似的情景剧。

仔细一琢磨,不难发现,婚姻生活围绕着两个问题,那就是:金钱和孩子。生活中有些事,一旦有分歧,争吵起来的两个人就特别容易冲动,丧失理性。金钱和孩子,这就像是婚姻中的两大雷区,不慎进入,就会引发一连串的爆炸。下面我们对这两个雷区一探究竟。

王琳和刘明结婚五年了。两人身上颇多共同点:都是大学毕业，30岁不到，事业有成。王琳是一家大公司的人事经理，刘明则在一家软件公司做销售经理。二人的成长环境也很相似：都来自低收入家庭，父母为生计奔波劳碌。

王琳漂亮又能干。她说："我父母没多少钱，可对孩子尽心尽力。我父亲心地善良、为人正直。可是现在，我老公居然要买一辆昂贵的新车，就是为了摆阔。我当然不答应。"

王琳的老公刘明觉得一个人要想事业成功，先要看起来像个成功人士。别人瞧我有实力，才会信任我，跟我签单。

王琳和刘明在对待金钱的观念上如此不同，自然就少不了会为花钱的事儿吵架。谁花的钱，买了什么东西？谁记账、谁付账、谁管钱？钱该花在哪儿？为什么一定要花这笔钱？一个人想省钱，另一个想花钱。如何作出重大财务决定？

也许大家觉得夫妻根本不能讨论关于金钱的问题，一提钱，就会发生不愉快的事情。或许大家觉得谈金钱的话，会破坏彼此间的浪漫情调。但是金钱这个问题不是逃避就能解决的，终有一天大家仍需面对。此时分歧仍在，争吵在所难免。不管你愿不愿意承认，婚姻很多时候更像一门小本生意，有收入，有支出，还可能有盈余。要想生意兴隆，首先要把好财务关，婚姻也是如此。

养育孩子会耗费大量的时间和精力，还会产生很多的压力。尤其是现在的都市生活，生活节奏紧张，人们往往和父母亲戚远隔千里，于是一切辛苦都得自己承担。这无疑也会影响到夫妻之间的关系。

每家都有一套教育子女的方法。两个人结合在一起，一起生活，可是不要忘记了，每个人都来自不同家庭，对于教育自己的孩子的方法不同也在情理之中。当双方为了孩子的教育问题而激烈争辩时，可以隐约看到双方父母的"高大"身影。

实际上，两个人争论的核心是：我父母的教育方法才是正确的，你父母的方法则是错误的。寻找方法最后变成了对错之争，毫无意义。而那些重组的家庭，新的问题也随之而来，到底该谁管教继子女，是不是一视同仁，新家庭的教育方式与前一个家庭不同，该怎么办？有时候也会出现到底谁来管孩子的问题。

吴克38岁，戴西35岁，两人感情甚笃，对生活的期望值都很高。他们有了孩子后，戴西为了孩子，做了全职主妇。孩子上学后，她又回到学校教书。吴克在一家企业工作，两人合力养家，生活富裕。

他们大部分时间都挺幸福的，唯一的矛盾是教育孩子。戴西常对老公抱怨："你总是唱'红脸'，让我唱'白脸'。"吴克则说："我整天都在上班，孩子调皮捣蛋的时候，我根本不在，让我一回家就扮演'严厉'的老爸，不分青红皂白教训孩子，这不合理。"

他们的问题在于孩子犯了错，到底该如何处罚。吴克觉得戴西对孩子过于苛刻。戴西认为自己批评孩子时，他很不配合。两人为此常常口角。

为了孩子争吵，原因五花八门，也许在孩子降生前，或者是在有孩子之后。

实际上，对我们每个人来说，在金钱和孩子这两方面受到环境的影响都是最深的，因而也最容易在这些问题上感情用事。

　　为了一件微不足道的小事，你们两人就大动肝火，不停嚷嚷直到筋疲力尽。其实平静下来，回头再看，两个人都会觉得莫名其妙。你们可以在日常生活中不断尝试，从而逐步走出固有习惯的束缚，形成夫妻之间相处的新模式。偏见、误解和不切实际的期望都是导致夫妻失和的罪魁祸首。

　　我们对生活细节的要求和习惯形成于童年时代。那时，我们还懵懵懂懂，缺乏判断能力。父母长辈教给我们的东西都被当成了唯一真理，完全吸收。但它们也像是偏见，一旦形成，就根深蒂固。如果夫妻二人成长环境迥异，"家庭大战"就会在所难免。两人都要捍卫各自认定的"真理"，所以有时争吵的目的不是为了找到最合理的方法，只是为了证明自己绝对正确。

人生感悟

　　了解婚姻生活中的雷区，学习避免触碰以及在触碰后如何降低危害，才是最重要的。我们应该学会放手彼此认定的"真理"，从而远离雷区。

婚姻十字路口的红灯

婚姻生活不是一路平坦的，也许会有坎坷，会有波澜。当婚姻遭遇十字路口的红灯时，怎么办？是选择向左或是向右，还是停止前行呢？

婚后的柴米油盐一点点地吞噬着我们热恋中的甜蜜，当爱情逐渐消退，身心逐渐疲惫，婚姻便开始遭遇这样或那样的危机：婆媳矛盾、七年之痒……当美好的婚姻被这些那些的问题蒙上了阴影，我们要如何摆脱，从而拥有一个快乐、幸福、美满的家庭？当走到婚姻的十字路口，出现红灯时，我们该何去何从呢？

当一切尘埃落定，步入正轨，当男女朋友升级为老公老婆时，我们会遇到婚姻的红绿灯。当红灯亮起的时候，我们怎么去改变呢？

网络上最近流行着这样一个帖子，说某个人因为不小心，将"女朋友7.0"升级到"老婆1.0"了，发现这个新程序意外地启动了生产孩子的程序，而且占用了大量的空间和珍贵的资源。此外，"老婆1.0"自动将自己安装到其他所有的程序中，它随系统同时启动，监控整个系统的状态。"男人夜出2.5"和"高尔夫5.3"无法再运行，一旦运行该程序系统，也就达到了崩溃的边缘。所以，这位悲哀的男人就寻求技术人员给予支持和帮助。

可是，"女朋友7.0"升级为"老婆1.0"，并不是简单的WindowsXP向Vista过渡，不想用了，直接倒退用WindowsXP或者晋级为Windows7就可以了。"老婆1.0"是一个很特殊的程序，安装容易卸载难，技术人员同情而又无奈地告诉该用户：只能老实接受这个版本，并用心去高保养、高维护。

"女朋友7.0"升级为"老婆1.0"，就是婚姻生活中的第一个红灯，你准备好了吗？

"婚姻是爱情的坟墓"只是失败者的借口。于是，尽管每天有无数对夫妻从围城中跳出来，但照样有更多的人奋不顾身地跳入围城。拥有一段幸福的婚姻的前提是彼此相爱、情投意合，其次是懂得并珍惜婚姻的幸福。这个"懂得珍惜"需要后天不断修炼才行。当浪漫的爱情一点点烟消云散，当烛光晚餐变成了柴米油盐，当婚姻的激情一点点在时间中消磨，七年之痒也开始贴近，我们要如何保护我们的婚姻生活呢？

婚姻，它需要更多的责任、宽容。如果你不希望在婚姻的旅程中屡闯红灯，那么请不要在没有做好准备的前提下仓促决定做爸爸和妈妈。

人生感悟

婚姻的十字路口，绿灯顺畅无比，遇到红灯也不要着急，先看一看是否是自己违反了婚姻的交通规则，然后就事论事，针对不同的问题，运用不同的解决方法。放下错误的，回归正轨，你会发现，红灯已经转为绿灯。

分手快乐，向错爱挥挥手

"分手快乐，祝你快乐，你可以找到更好的，不想过冬，厌倦沉重，就飞去热带的岛屿游泳；分手快乐，请你快乐，挥别错的才能和对的相逢，离开旧爱。像坐慢车，看透彻了心就会是晴朗的；没人能把谁的幸福没收，你发誓你会活得有笑容。"

梁静茹的一首《分手快乐》，唱出我们对于错爱的一种态度。如果没有昨日的分手，我们怎能到达幸福的彼岸？是你的跑不了，不是你的，怎么都得不到。

面对错误的爱情，我们坚信：下一个人会更好。因为我们已经调整了自己的心态，懂得了真正想要的、想追求的到底是什么。

李强，今年29岁，系天津市某学校老师。2000年，李强通过报纸征婚与王妍相识、相爱。王妍的能干和泼辣也曾得到李强的欢心，但时间一长，毕业于艺术院校的李强渐渐产生不满，认为这与自己所追求的浪漫爱情相距甚远。于是他在没有断绝和王妍往来的情况下，在2002年6月再次通过征婚的方式与赵漫相识。赵漫温

柔的性格和浪漫的气质令李强倾倒，两个人很快坠入情网，难舍难分。

李强与赵漫相恋后，多次提出与王妍分手，但对爱情执着的王妍就是不同意离开他。纸里包不住火，赵漫很快知道了在她和李强之间还有另外一个女人，于是三个人之间开始了一场为了爱情的"战争"。王妍和赵漫经常通过短信、电话互相进行谩骂和攻击。这让三个人都觉得很疲惫，也很茫然。

最后王妍约李强见面，见面之前她暗下决心，这次无论用什么办法，也不能分手，大不了两个人一起死。见面后，李强再次提出分手，还是遭到了王妍的拒绝。王妍痛苦，残忍地将毒药投放在两个人的食物中，最后两个人因食物中毒送进医院进行抢救。

分手，结束两个人在一起的感情是很痛苦的。但是不要因为感情的痛苦做出伤害自己的事情，也不要因为这份痛苦做出伤害对方的事情。不然，等到恢复理智，走出痛苦区域后，会因为自己做出的种种而后悔。

当所有的回忆被触发，当眼泪无法抑制地满溢，请学会调整自己的情绪，尽情地哭泣，把压抑已久的情感尽情宣泄。当哭过后，当雨过天晴后，你就会发现心中的伤痛已经悄然散去，彩虹已经升起，因为你已经从心里原谅了一切。

不要为了忘记而去忘记。人是很奇怪的动物，当你越是想去忘记以前的他，他给你带来的快乐、给你来带的痛苦，给你带来的一切一切都历历在目，反而记得越来越深，心也会越来越疼。其实这个时候你所需要做的，就是记住该记住的，忘掉该忘掉的，往往旧爱就会在不知不觉中忘记了。再次看到曾经两个人一起的照片，回想起曾经爱情的一幕幕，嘴角也会露出释然的微笑。因为曾经的过往将是你思想宝库中的一些珍藏品。

分手后，做个高姿态的人，优雅地转身离去，不要苦苦哀求，不然得到的只会是鄙视。因为他不爱你了，就不爱了，没有什么为什么。放手一段曾经的爱恋，以后会得到真正属于自己的幸福。

分手了，我们该带有感激之情地对待上一个恋人，就像《十年》里面唱的一样：十年之后，我们还可以是朋友，还记得问候。因为否定曾经的感情，就是在否定曾经的自己，否定自己的那段岁月。在曾经的那段岁月中，至少他让你体会到了爱人或被人爱的感觉。即使两个人有再多的不是，但起码是曾经相爱过的人。爱情里本来就没有对错，同样，一切的付出与给予也完全是发自内心的。既然这样，何必去计较谁多谁少，多回忆对方的一点好处，不要去怨恨什么。

分手是一个痛苦的事情，但是如果爱着更让你和他痛苦，那不如选择分手，爱对了人每天都是情人节，但是爱错了人即使情人节也没有什么值得开心的。如果选择分手就该学会坚强，这个世界上能从始至终陪你走过一生的只有你自己，别人全是你生命里的过客而已。

电影《失恋三十三天》里，因为失恋而痛苦的黄小仙想通后就释然了，即使分手也不要丢失自己的尊严。抱怨也没有用，谁抱怨，谁受伤，除此之外，不会有任何其他结果。

分手以后该去冷静地想想，自己走着属于自己的道路，不要用任何的借口去放纵自己，也不该有任何理由去祸害自己和他人。在没有找到下一个爱人之前，不该让自己沦陷、堕落，同样为下一个爱人去爱惜自己的精神与身体，因为你会遇到一个真正疼爱自己的另一半。

分手快乐，分手后，哭过后，潇洒地向昨日的错爱挥挥手，说一声再见。

人生感悟

人有悲欢离合，月有阴晴圆缺，此事古难全，但愿人长久，千里共婵娟。

朋友就是生活中的阳光

"朋友一生一起走，那些日子不再有，一句话一辈子，一生情一杯酒；朋友不曾孤单过，一声朋友你会懂，还有伤还有痛，还要你还有我。"人世间最可贵的感情无疑是亲情，但除亲情之外，那就是友情。世界上没有比友谊更美好、更令人愉快的东西了。没有友谊，世界仿佛失去了太阳。

有人说多个朋友多条路；有人说多个朋友多管枪；有人说多个朋友少个冤家、少堵墙。

朋友这个概念很大，每个人都能勾画出不同种类。但是不管是什么样的轮廓，有一点永远都不会变，那就是：朋友在你悲伤无助的时候，给你安慰与关怀；在你失望彷徨的时候，给你信心与力量；在你成功欢乐的时候，分享你的胜利和喜悦。在人生旅途上，尽管有坎坷、有崎岖，但有朋友在，就能给你鼓励、给你关怀，并且帮你度过最艰难的岁月。

曾记得有人说："交友是一件有益的事，每个人都应该尽量地去认识新朋友，因为朋友能扩大我们的生活领域，使我们能更深刻地认识这个世界。"漫长的生命旅程中，我们应善用朋友来增长见闻，彼此谱写生命的音符，藉此刻画人生的真谛。

真心的朋友是最懂你的人。真正的朋友是在你最需要的时候出现在你面前的人，即使你已经穷苦潦倒，他依然能安慰你、体贴你、关怀你、抚慰你！人生如梦，朋友如雾，高山流水，知音难觅。真可谓"万两黄金容易得，知心一个最难求！"

有些朋友，虽说时间久了，没有了太多的共同点，但你会时不时想念，想念那份感觉。就像喜欢吃的食物一样，总是可以使自己得到充分的满足以及美食瞬间带来的饱腹感。

时间久了，我们会发现，岁月沉淀下来，陪你一路走来的那些人，或许换了很多很多，但总有为数不多的几位，总是在那里。你不必太在意，不要太怠慢。只要你想起来，他们总会在那里。

当自己面对困难时，当自己面临选择时，自己开心时，自己痛苦时，会想到他们。因为他们不会嘲笑你、打击你，而会帮助你、鼓励你、爱护你。

古时候，一个公子哥整天花天酒地，他的父亲怒斥他的行为，他却不以为然地告诉父亲他在外都是在交朋友。于是他的父亲说："你结交的这么多朋友如过江之鲫，但是哪个是你真正的朋友呢？不如我和你打个赌，如果你输了，就要结束花天酒地的日子，好好地跟着掌柜学习做买卖。"这个公子不以为然地笑了笑。

这位公子按照父亲所说的，身上穿了一件带血的衣服，去向平日里称兄道弟的朋友家。有的人一看他的衣服就拒之门外；有的听他说完被追杀的事情，连忙摆手说帮不了，希望不要给自己沾上麻烦……一天的工夫，结果这个公子平时里的朋友没有一个愿意帮忙的。

他很沮丧地回到府中。他的父亲说："你去见我那一个半朋友，朋友的意义你自然会懂得。"他先去了父亲认定的"一个朋友"那里，对他说："我是某某的儿子，现正被人追杀，情急之下投身你这里，希望你能救救我！"这人一听，不假思索，赶忙叫来自己的儿子，喝令他马上将衣服换下，穿在这个并不相识的人身上，而让自己的儿子穿上他的衣服。

公子明白了：在你生死攸关的时候，那个能与你肝胆相照，甚至不惜割舍自己的亲生骨肉来搭救你的人，可以称为一个朋友。

公子又去了父亲说的"半个朋友"那里，抱拳相向，把同样的话说了一遍。"半个朋友"听了，对眼前这个求救的人说："孩子，这等大事我可救不了你，我这里只能给你足够的盘缠，你远走高飞快快逃命吧，我保证不会去告发你……"

公子又明白了：在你患难时，那个能够明哲保身、不落井下石加害你的人，可称为半个朋友。

那个父亲的告诫，不仅仅让他儿子，也让我们懂得了一个交友的真理：你可以广交朋友，也不妨对朋友用心善待，但绝不可苛求朋友给你同样的回报。

我们的生活当中不乏朋友，学业上的、事业上的、生活上的。信息时代，我们又多了网络上的朋友。在我们高朋满座、举杯邀明月的时候，在我们流连山色、吟诗作画的时候，在我们穿梭在街头，与友人打着招呼的时候，是否扪心自问：他们是我的知己吗？他们能与我同甘苦共患难吗？

人生感悟

朋友是一杯清茶，很淡，仔细品尝却有很醇厚的味道！朋友是一缕清风，很柔，轻轻地滑过脸庞是那么的亲切！朋友是一丝丝的小雨，很甜，滋润我们的心房是那么的惬意！朋友是爱与爱之间的呼唤，朋友是心与心之间的交流。朋友就是生活中的阳光！

以真心换真心

俗话说，浇树要浇根，交友要交心。在我们身边的朋友中，只有真诚相待，以心换心，用心交流，我们的友谊才会天长地久。

有人说："友情不过是过眼烟云，不长久。"其实不是友情太淡

情感篇

情字难解亦难消，转身自此展眉梢

薄经不起时间的考验，只因为有些人没有用心去培养，不过是表面虚伪的礼尚往来，并不是心与心的真诚沟通。这样的关系下结成的"朋友"，不是为了得到那份珍贵的友谊，而是被利益驱使，抱着自己的目的，为了得到自己想得到的东西、利益与某个人结交。

　　人生难得一知音，就像伯牙绝弦一样。俞伯牙善于演奏，钟子期善于欣赏。这就是"知音"一词的由来。后钟子期因病亡故，俞伯牙悲痛万分，认为知音已死，天下再不会有人像钟子期一样能体会他演奏的意境，所以就"破琴绝弦"，终生不再弹琴了。的确，真正的友谊是人一生的宝贵财富，值得每个人用心珍惜。真正的朋友不一定经常围在你的身边，但是在人的心里却时时与自己同在。因为真正的朋友需要用心去换，你对朋友付出了真心，相信你也会收到朋友的真心。真正的友谊不包含个人目的，也不包含个人利益，只有干干净净的友谊，才能坚持得长久。你用真心对待对方，他就可以感觉得到，将心比心。换一个角度，别人真心实意地把你视为朋友，你一定也能感觉得到。

　　我们自己以怎样的心对待别人，必然会得到相应的回报。我们所要做的，就是用一颗真心去对待身边的人，即使有人不理解、不接受也没有关系，这一份真心、一份好意也不会白费，都会回归到自己头上。所以自己对别人好，不要觉得委屈，也不要向别人炫耀。

　　现今的我们，先不说知音，即使是隔壁邻居，也少有了那种"低头不见，抬头见"的情分。由于现代社会的快速发展，社会的竞争激烈，文化娱乐活动的不断丰富，人们似乎已经不再在意于邻里间彼此的情感交流。每当回到家中，更多的时候是关闭着大门，躺在沙发上看电视，坐在电脑前沉迷于虚拟的网络世界里，全然没有了那种大家坐在一起，说说心里话、谈谈烦心事的闲情了。邻里之间似乎生分、疏远了很多，没了那种"远亲不如近邻"的感觉。

其实，并不是人们已经变得冷漠，并不是人们不再有真情。只要真诚地付出，只要肯迈出第一步，打开那扇紧闭的大门，也就是敞开了心扉，你将收获到意料不到的欢乐。大到你遇到困难需要救助时，小到下雨时屋外晾晒的衣服……总有感动的事情发生。这才是人与人之间真诚的交往，才是人们之间该有的情缘。

人生感悟

只管付出不求回报，对别人拿出一颗真心，以心换心，你会收到无数真心；以情换情，你会获得无数友情。你对别人付出了，不要求得到人的回报，你的一片真心、一份真情，必然会被记念，会得到回应！

宽恕别人就是放过自己

宽恕别人是自己看透了社会人生以后所获得的那份从容、自信和超然。放过别人是一种博爱的情怀，是化敌为友的绝妙武器。同

情感篇

情字难解亦难消，转身自此展眉梢

时放过别人也是放过自己，能使自己的苦痛化作幸福。

宽恕别人说来容易，做却不易。关键的是，心灵是如何选择的。当一个人选择了仇恨，那么他将在黑暗中度过余生；而一个人选择了宽恕的话，那么他能将阳光洒向大地。古语常说："知错能改，善莫大焉。"既然如此，面对一个人在无意中犯下的错误，我们为何不能宽恕呢？当我们的心灵为自己选择了宽恕的时候，我们便获得了应有的自由。每一个人都需要朋友，多一份宽恕，便能令我们多一位朋友。人不可能不犯错误，每一个人也不可能一生都做得完美。如果我们对他人报以仇恨，那么我们就会痛苦万分，我们就无法再继续安静地生活，我们就总是因为他的错误来折磨我们自己。但是如果我们原谅了他呢，首先我们放下了自己内心的包袱，我们可以轻装上阵，不再每天自寻烦恼。更重要的是，我们可能会因此得到一个朋友。

美国前总统林肯幼年曾在一家杂货店打工。一次因为顾客的钱被前一位顾客拿走，顾客与林肯发生争执。杂货店的老板为此开除了林肯，老板说："我必须开除你，因为你令顾客对我们店的服务不满意，那么我们将失去许多生意，我们应该学会宽恕顾客的错误，顾客就是我们的上帝。"在许多年后，林肯当上了总统。做了总统后的林肯说："我应该感谢杂货店的老板，是他让我明白了宽恕是多么的重要。"

很多时候，宽恕别人就是宽恕自己，就是解放自己。很多时候宽恕一个人是不得已的。因为总是不宽恕，我们就会失去更多的东西。

中国人有句老话：退一步海阔天空。给别人一个机会的同时，不也是给你自己一个机会了吗？对于已经过去的事又何必一定要这样斤斤计较呢？

在美国南北战争期间，有一个名叫罗斯韦尔·麦金太尔的年轻人被征入骑兵营。由于战争进展不顺，士兵奇缺，在几乎没有接受任何训练的情况下，他就被临时派往战场。在战斗中，年轻的麦金太尔担惊受怕，终于开小差逃跑了。后来，他以临阵脱逃的罪名被军事法庭判处死刑。

当麦金太尔的母亲得知这个消息后，她向当时的总统林肯发出请求。她认为，自己的儿子年纪轻轻，少不更事，他需要第二次机会来证明自己。然而部队的将军们力劝林肯严肃军纪，声称如果开了这个先例，必将削弱整个部队的战斗力。

在此情况下，林肯陷入两难境地。经过一番深思熟虑后，他最终决定宽恕这名年轻人，并说了一句著名的话："我认为，把一个年轻人枪毙对他本人绝对没有好处。"为此，他亲自写了一封信，要求将军们放麦金太尔一马："本信将确保罗斯韦尔·麦金太尔重返兵营，在服完规定年限后，他将不受临阵脱逃的指控。"

如今，这封褪了色的林肯亲笔签名信，被一家著名的图书馆收藏展览。这封信的旁边还附带了一张纸条，上面写着："罗斯韦尔·麦金太尔牺牲于弗吉尼亚的一次激战中，此信是在他贴身口袋里发现的。"

一旦被给予第二次机会，麦金太尔就由怯懦的逃兵变成了无畏的勇士。很多时候，我们需要给予别人第二次机会。每个人都有犯错的时候，我们不能仅仅因为一个错误就否定了这个人。很多错误确实是无意之间造成的，很多时候宽恕也许会带来奇迹。一个人懂得宽恕别人，懂得用宽容的眼光来看待世界，才能得到更多美好的东西。很多时候，很多人并非有意地犯错误，很多错误压根就是无意的。像这种人，我们又怎么忍心去怪罪呢？即使他是有意犯了错，我们可以试图去站在别人的角度上去理解他，也许很多错误真的是不得已而为之，他有他自己的苦衷。如果我们理解了，或许我们就不会那么气愤。放过别人是为了给自己和别人一片更加美妙的天空！

人生感悟

古人云："壁立千仞，无欲则刚；海纳百川，有容乃大。"一个懂得宽恕的人，他的人生才能更加美丽；一个懂得宽恕的人，他的心胸才能更加宽广；一个懂得宽恕别人的人，才能得到他人的宽恕。

懂得感恩，懂得回报

在得到和失去的时刻里，我们依然要懂得感恩，学会回报。与其追求我们想要的东西，不如感恩我们现在所拥有的一切。感恩是一种处世哲学，也是生活中的大智慧。一个有智慧的人，不应该为自己没有的斤斤计较，也不应该一味索取和使自己的私欲膨胀。学会感恩，为自己已有的而感恩，感谢生活给你的赠予。这样你才会有一个积极的人生观，才能保持快乐心态。

"感恩的心，感谢有你，伴我一生，让我有勇气做我自己；感恩的心，感谢命运，花开花落我一样会珍惜！"这首《感恩的心》传唱大江南北，并且经久不息，其原因就是，这首歌碰触到了我们内心最柔软的部分，是因为这首歌告诉了我们一个最基本的人生智慧。感恩是一种大财富，只有懂得感恩图报的人，他的人生才能变得丰盈而美丽；只有懂得感恩的人，才能感受到世界的温暖，才能在寒冷的时候也不失去信念。感恩就是让我们的人生更加美好！

结草与衔环都是古代报恩的传说，出自《左传》。前者讲一个士大夫将其之父的爱妾另行嫁人，不使殉葬。爱妾已死去的父亲为替女儿报恩，将地上的野草缠成乱结，绊倒恩人的敌手；后者讲有

个儿童挽救了一只受困黄雀的性命，黄雀衔来白环四枚，声言此环可保恩人世代子孙洁白，身居高位。后将二典故合成一句，比喻受人恩惠，定当厚报，生死不渝。明朝时冯梦龙在《醒世恒言》中写道："大恩未报，刻刻于怀。衔环结草，生死不负。"

感恩我们生命的每一天。每天起床后，你发现，也许太阳没有出来，但是它却没有忘记让天亮；每天你从外边走回家，你会发现无论你回来多晚，那扇门总是为你开着；走在路上，有微小的花儿，有冲你打招呼的草儿……今天又能安然地起床，而且还有崭新的美好一天。我应该好好珍惜，去扩展自己的内心，将自己对生活的热情传予他人。你并不需要感谢特定的某人，因为你可以感谢生活，感谢今天又是新的一天。一位怀有感恩之心的朋友常常说，当你每天醒来时，应该这样想："我真是个幸运的家伙！我要常怀善心，要积极地帮助别人，而不要对别人恶言相向。"

对一切都要心怀感激，包括不幸。即便生活误解了你，使你遭遇挫折与打击，你也要怀有感恩。你不是去感恩这些伤心的遭遇（虽然这也使你成长），而是去感恩那些一直在你身边的亲人、朋友，你仍有的工作、家庭，生活依然给予你的健康和积极的心态，等等。我们会发现，生病的时候，会有关切的眼神，不开心的时候会有关爱的问候，我们不如意的时候会有朋友的鼓励，当这些都来临的时候，苦难又算些什么呢，这么多人都愿意陪我们一起度过，我们何惧风雨呢！

学会把你的感激说出口，表达感谢。我们总是不善于表达，总是喜欢把事情埋在心里，可是很多时候，我们需要把自己的感激说出口，让别人知道。生活中，不要把你的家人、朋友、健康、教育等这一切当成理所当然的。他们都是你受益无穷的礼物，所以我们要时常告诉他们我们内心的感激，我们不要吝啬我们的语言，让生活因为我们的感激而变得欢笑不断。

一名成绩优秀的青年去申请一个大公司的经理职位。他通过了多次的面试，董事长做最后的面试，作最后的决定。董事长从该青年的履历上发现，该青年成绩一贯优秀，从中学到研究生从来没有间断过。董事长问："你在学校里拿到奖学金了吗？"该青年回答："没有。"董事长问："是你的父亲为您付学费吗？"该青年回答："我父亲在我一岁时就去世了，是我的母亲给我付的学费。"董事长问："那你的母亲是在哪家公司高就？"该青年回答："我的母亲是给人洗衣服的。"董事长要求该青年把手伸给他，该青年把一双洁白的手伸给董事长。董事长问："你帮你母亲洗过衣服吗？"该青年回答："从来没有，我妈总是要我多读书。再说，母亲洗衣服比我快得多。"董事长说："我有个要求，你今天回家，给你母亲洗一次双手，明天上午你再来见我。"该青年觉得自己成功的可能很大，回到家后，高高兴兴地要给母亲洗手，母亲受宠若惊地把手伸给孩子。该青年给母亲洗着手，渐渐地，眼泪掉下来了，因为他第一次发现，他母亲的双手都是老茧，有个伤口在碰到水时还疼得发抖。青年第一次体会到，母亲就是每天用这双有伤口的手洗衣服为他付学费，母亲的这双手就是他今天毕业的代价。该青年给母亲洗完手后，一声不响地把母亲剩下要洗的衣服都洗了。当天晚上，母亲和孩子聊了很久很久。第二天早上，该青年去见董事长。董事长望着该青年红肿的眼睛，问道："可以告诉我你昨天回家做了些什么吗？"该青年回答说："我给母亲洗完手之后，我帮母亲把剩下的衣服都洗了。"董事长说："请你告诉我你的感受。"该青年说："第一，我懂得了感恩，没有我母亲，我不可能有今天。第二，我懂得了要去和母亲一起劳动，才会知道母亲的辛苦。第三，我懂得了家庭亲情的可贵。"董事长说："我就是要录取一个会感恩、会体会别人辛苦，不是把金钱当作人生第一目标的人来当经理。你被录取了。"

这个青年在以后的工作中非常顺利，因为他明白了什么是感恩。在生活中，学会感恩的人是幸福的人。学会感恩，你能看见人生中很多美好的事情；学会感恩，你能认真地站在别人的角度去思考问题，这时候你会发现，生命会因此变得很美好。

人生感悟

感恩，是一种美德，是一种境界。感恩，是值得你用一生去珍视的一次爱的教育。在人与人之间，我们要学会感恩，只有懂得感恩的人才能爱别人、爱生活，才能体会到人生的妙处。感恩，是结草衔环，是滴水之恩涌泉相报。

第四章
执着欲望似火焚身,深陷绝境怎能自拔

生命之舟载不动人们太多的物欲和虚荣,在抵达彼岸时要学会轻载。欲望太多,就会让我们变成欲望的囚徒,深陷在欲望的绝境中无法自拔。因为放不下到手的职务、待遇,有些人整天东奔西跑,耽误了更远大的前途,冷落了家人;因为放不下诱人的钱财,有人费尽心思,结果常常作茧自缚……

放手名利，成就自我

要想成就自我，要想在抵达成功彼岸前不在中途搁浅或沉没，就必须学会轻载，只装载自己需要的东西，把那些应该放下的"名利"果断地放下。牢牢记住：该松手时就松手。很多时候放手反而成就了自己，反而是一种成功和升华。

有一位禁欲苦行的修道者，准备离开他所住的村庄，到无人居住的山中去隐居修行。他只带了一块布当作衣服，就一个人到山中居住了。后来他想到当他要洗衣服的时候，他需要另外一块布来替换，于是他就下山到村庄中，向村民们乞讨一块布当作衣服。村民们都知道他是虔诚的修道者，于是毫不犹豫地就给了他一块布，当作换洗用的衣服。

当这位修道者回到山中之后，他发觉在他居住的茅屋里面有一只老鼠，常常会在他专心打坐的时候来咬他那件准备换洗的衣服。他早就发誓一生遵守不杀生的戒律，因此他不愿意去伤害那只老鼠，但是他又没有办法赶走那只老鼠，所以他回到村庄中，向村民要一只猫来饲养。得到了一只猫之后，他又想到了："猫要吃什么呢？我并不想让猫去吃老鼠，但总不能跟我一样只吃一些水果与野菜吧！"于是他又向村民要了一只乳牛，这样子那只猫就可以靠牛奶维生。

但是，在山中居住了一段时间以后，他发觉每天都要花很多的时间来照顾那只母牛。于是他又回到村庄中，他找到了一个可怜的流浪汉，就带着这无家可归的流浪汉到山中居住，帮他照顾乳牛。

那个流浪汉在山中居住了一段时间之后，他向修道者抱怨说："我跟你不一样，我需要一个太太，我要正常的家庭生活。"修道者想一想也是有道理，他不能强迫别人一定要跟他一样，过着禁欲苦行的生活……这个故事就这样继续演变下去，你可能也猜到了。到了后来，也许是半年以后，整个村庄都搬到山上去了。

欲望就像是一条锁链，一个总是牵着另一个，永远都不能全部得到满足。古语云："高位实疾颠，厚味实腊毒。"意思是说地位高了，会很快坠下来，醇厚的美味吃多了，会损害身体，成为毒药。富贵荣华都是生不带来、死不带去的身外之物。一旦生命终结，富贵者、贫贱者都成了一抔黄土。

晋代陆机《猛虎行》有云："渴不饮盗泉水，热不息恶木阴。"讲的就是在诱惑面前的一种放弃、一种清醒。闻名中外的林则徐虎门销烟的故事便说明了放弃这个道理。林则徐历官40年，"无欲则刚"是他的座右铭。他在权力、金钱、美色面前做到了洁身自好。他教育两个儿子"切勿仰仗乃父的势力"，实则也是其人处世的准则；他在《自定分析家产书》中说"田地家产折价三百银有零"、"况目下均无现银可分"，其廉洁之状可见一斑；他终其一生，从来没有沾染拥姬纳妾之俗，在高官重臣之中恐怕也是少见的。

名利如烟须放手，我们要保持一种放弃的清醒，保持清醒的头脑，勇于放弃，放弃摆在自己面前的诱惑。如果不放弃就会变得贪得无厌，就会给自己带来无尽的压力、痛苦，甚至会毁灭自己。

格林斯潘，被称为美国的"经济沙皇"、华尔街"教父"、美元帝国的"掌门人"。其实他最初选择的是音乐领域，做着调音师的工作，期间也吹奏过单簧管和萨克斯。后来，他放弃了音乐，专心致志地投入到了更适合自己发挥的金融领域。有人在评价他的时候感叹，如果他当初不是放弃音乐，那么，美国会多一位平庸的乐师，却损失了一个金融奇才。牛顿早年也曾热衷于永动机的研究，但他在进行了大量实验失败后，非常明智地放弃了这项研究，集中精力专攻力学，终于脱颖而出，成为经典力学的创始人。与此相反，贝索就因为没有放弃终未有大的建树。贝索何许人也？贝索是爱因斯坦的朋友，被誉为"相对论的助产士"。他知识渊博，思维敏捷，但是他一辈子没有什么建树，原因在于他"什么都不想放弃"，结果什么也不专，什么也不精。

很多时候放手是一种解脱，解开阻碍自己前进的枷锁，是为了能够轻松上阵，能够更快地走向成功。名和利是证明我们人生的很重要的两个标准，但是我们要明白并不是什么事情都会比名利重要。生活中很多重要的东西需要我们放弃名利才能得到。

人生感悟

放手不代表着放弃，聪明的放手、优雅的转身反而是一种成功。名利都是身外之物，生不带来，死不带去。人生苦短，如果我们总是拿着这些东西不放手的话，那么我们就不能再拿起其他的东西。

知足者常乐

知足常乐是一种高雅的人生姿态，是一种在困境中仍然能看见光芒的大智慧。人生在世，不可能事事如意，不可能事事都遂你我所愿，总是会有不如意，总是不能随心所欲。这个时候，我们不能总是为此郁郁寡欢，我们要学会知足常乐，学会从现有的生活中寻找到人生的乐趣。

人生不可能十全十美，很多事情总是留有些许的遗憾，太完美反而显得不够真实。我们的人生需要不断地追求，需要追求完美，但是我们仍然要理智地处理很多事情。当我们没有达到最完美的时候，我们就要把当前的不完美看作完美。

从前，有一个老太婆，她每天都是愁眉苦脸的。因为什么呢？原来她有两个女儿，大女儿是卖雨伞的，小女儿是卖扇子的。每当晴天的时候，老太婆就愁她大女儿的雨伞卖不出去；每当阴天下雨的时候呢，老太婆就愁她小女儿的扇子会卖不出去。这样，久而久

之，大家就称她为"愁婆婆"。有一天，一个智者知道了这件事，就想帮一下愁婆婆。他对愁婆婆说："我有办法让你由'愁婆婆'变成'喜婆婆'。"愁婆婆一听非常高兴，问："那是什么办法？"智者说："很简单，当晴天的时候，你就想一想你的小女儿，她的扇子会卖得很好；当阴天下雨的时候呢，你就想一想你的大女儿，她的雨伞会卖得很好。""愁婆婆"恍然大悟，原来换个角度考虑就行了。从此，她真的由一个"愁婆婆"变成了"喜婆婆"。

这位老婆婆之所以能从愁婆婆变成喜婆婆，就是因为她能够看到生活快乐的那一面，看到生活中令人知足的那一面。很多时候我们就是要转变思想，转变角度，看到生命的快乐之处，唯有如此我们才能忘记忧愁。

常常听到有人抱怨自己长得不够美丽，抱怨自己的工作不顺利，抱怨自己的运气不够好，伤心欲绝地去向别人诉说。乍一听，还真认为上天对他太不公了，但仔细一想，为什么不换个角度看问题呢？我们没有美丽的面庞，但是我们可以有美丽的笑容；工作环境我们不能改变，但是我们可以改变工作态度；你不能样样顺利，但可以事事尽心。这样一想，是不是心情好很多？

有一个女孩，父亲早亡，母亲在街心支起一个帮人补胎充气修理自行车的小摊位，用微薄的收入维持家用，供女孩上学。母亲每天都在市场临关闭前才去买些最便宜的蔬菜回来，每次她都将切下的黄瓜头放到一个饭盒里。女孩是学生中穿着最简朴、最随便的一个。每天中餐，同学们享受着美味佳肴，而她只有一个馒头间或会有一个母亲亲手腌制的咸鸭蛋。女孩心里是自卑的,终于在一个下午遭到同学奚落后彻底崩溃。她觉得自己的世界黑暗得没有一点光亮,她深为自己的贫困而痛苦不堪,她觉得上天对自己非常不公平。她决定在离开这个世界之前再去看一眼为她含辛茹苦的母亲。走到街心,她惊讶地看到母亲正在街边和一个阿姨打着羽毛球。原来,母亲的摊子边每天都会摆着两样东西,一副羽毛球拍,一个装着黄瓜头的饭盒。没有顾客的时候,母亲就拉着身边的同行打球,而那些黄瓜头是用来擦脸美容的。母亲说,每天锻炼身体是为了身体棒棒地好供她上大学。生活虽然苦,但心里总有希望,所以母亲依然爱美,依然觉得幸福。母亲的生活态度震撼了女孩,一下子打开了她的心灵之窗。母亲说,无论生活多么地困难,至少她还有个坚强、爱她的女儿……从此她和母亲一样总是笑盈盈地迎接每一天的太阳,什么样的艰难困苦再也没有令她退缩过……

　　生命会给你很多考验,会给你很多困苦,让你去锻炼,让你去成长。上帝没有不公平,上帝永远不会偏袒谁或者挤对谁,给你关上了一扇门,就会给你打开一扇窗。这个女孩子她觉得自己命运悲苦,但是她却得到了坚强。有了这么好的妈妈,这个女孩以后肯定会学会如何在不平坦的生活中寻找到幸福和快乐。

　　花儿不常开,叶儿不常绿。我们要学会欣赏生活中残缺的美好,要学会在不完美中寻到完美。有的人生活艰难仍然每天载歌载舞,有人生活在琼楼玉宇里却依然愁眉苦脸。金钱、地位、荣誉并不是让人生美好的根本,如果我们得不到,那么也不要过多地自责自卑。幸福与否是你自己的选择,千万不要抱怨生活的不如意,学会知足才能常乐，学会满足才能享受人生。

不知足的人总是在煎熬中度过，他们没有时间欣赏这个世界，他们闻不到花儿的芬芳，听不到鸟儿的歌唱，看不见蓝天的辽阔，触不到春天的温柔。他们只是看到自己的失败，自己的不足、自己的不如意。残缺的人生不是你缺少了什么东西，而是你缺少了满足的感觉，是你一直让自己的心空着……

假如你没有姣好的面庞，那么你就让自己拥有健康的体魄；假如你没有显赫的家室，那么，就让自己学会坚强地奋斗；假如你没有宽敞的房子，那么你就行走在天地间让自己拥有宽敞的心地……知足者常乐，得不到的不必过多挂念，得到的就是最完美的，得到的就是最好的。

人生感悟

没有追求的人生显得太过乏味，似乎有自欺欺人的意味，但是如果我们总是在追求自己得不到的东西，其实更是一种愚蠢的表现。愚笨的人会认为得不到的才是最好的，而聪明的人知道只有得到的才是自己的，只有得到的才是值得珍惜的。与其望穿秋水地渴望海的那一边，不如在海的这一边吹吹风，听听海鸥的歌唱……

淡雅志趣，平衡人生

　　志趣淡雅才能寻得平衡的人生。哲学家告诉我们，人类生活中最主要的内容之一，就是要在不平衡中寻求平衡。智慧的人生需要保持淡雅的志趣，寻找到平衡的人生。

　　在这个大千世界中，我们只是很小的一份子，但是我们照样可以说世界是我的，我就是整个世界。因为无论外界如何变幻，我们都会有自己的内心世界，有自己的追求，有自己的生活法则。面对外在世界，幸福人生最忌讳的就是心理失去平衡，最忌讳的就是不能保持内心的淡雅平和。一旦偏离了轨道，我们就会失去平衡的人生，随之滑向痛苦的深渊。

　　赵高祖籍是赵国人，他从小就跟从母亲在秦宫中长大，自己从小就做了太监。因为赵高为人强力能干，而且精通书法，被秦始皇提拔任用，后来辅导秦始皇的幼子胡亥。公元前210年，秦始皇开始第五次巡游，到了沙丘病死。此时赵高开始谋划政变，他说通了丞相李斯一同篡改了遗诏改立胡亥为皇帝，发诏书赐死了公子扶苏和蒙恬。其实胡亥本不想让蒙恬死，不过赵高以前犯过罪想请求蒙恬的弟弟蒙毅不要告发，但因为蒙毅刚正拒绝了他，赵高因此怀恨

在心，最后赵高命令蒙毅上吊自杀。赵高获得政变胜利后，没有停止杀戮的脚步。他利用李斯的儿子李由通外敌的莫须有的罪名杀了李斯全家，李斯被腰斩。他当上了中国历史上第一个太监丞相。接着各地起义军雄起，他害怕二世知道外面的情况怪罪自己，于是派遣自己的女婿阎乐带兵入宫杀死了二世，立子婴为帝。他本想借助子婴继续控制秦国的国政，结果被子婴先出手杀死于秦宫之中。

赵高本身聪明能干，并且也得到了皇帝的重用，本来可以一展宏图，为国家作出贡献。可是面对权力和荣华富贵，他渐渐失去了内心的平衡，不再满足现状，渐渐地自高自大起来，最终就是害了自己，害了别人。

人生在世，机会很多，迷惑你的东西也很多。无论什么时候，我们要懂得本本分分，守得住自己的本分才能做好应该做好的事情；守得住内心的平静，找到人生的平衡点，才能在生活中寻找到属于自己的宁静。

范蠡到越国后，他先受命出任越国上大夫，后任上将军，担任相国（丞相）要职，从政率军，二十余年忍辱负重、呕心沥血、励精图治，以文韬武略、深谋远虑襄助越王勾践奋发图强，兴越灭吴，功绩卓著，名炳史册。范蠡勇而善谋，能屈能伸，克敌制胜，胸有成竹，是一个卓尔不群、颇有个性的历史人物。但是范蠡的后半生急流勇退，自称"鸱夷子皮"，甘愿弃官经商，举家飘泊齐宋两国，置身于山林乡野，混迹于平民之间，改名陶朱公，自食其力，先后经营农林牧渔工商医药，通过劳动发家致富，并"三致千金"，富甲天下。他富行其德，救危济困，仗义疏财，在商界美名远扬。

范蠡如果不离开，可以享受一生的荣华富贵，可是他却选择在最成功的时候离开，去做自己喜欢的事情，最终成为成功的富商。但是范蠡要的绝对不是钱，而是自由。范蠡的人生是成功的，因为他懂得自己最想要的是什么，因为他能够始终坚守住自己，坚守住内心的平衡。

很多时候，作为一个平凡的人，我们真的没有办法阻挡住所有的诱惑，我们无法始终做到内心保持平静，但是我们不能轻易地失去自己，不能轻易地放弃自己。我们要始终保持内心的真善美，始终有道德底线，有美好的追求，有对爱的执着。

一个人如何才能始终保持内心的富足和踏实，那就是要按照自己的良心办事。很多时候，别人对你自己的评价都是次要的，我们其实最看重的是自己的感受，做得对不对，不需要别人对你作出评价，你自己的良心就会给你审判。我们能骗过别人，但是我们始终骗不过自己，即使别人没有惩罚你，你自己也会惩罚你自己。最严肃的审判不是来自别人，而是来自你自己。

人生在世，其实真的很不容易，无须把自己弄得筋疲力尽。上帝在造人的时候，不可能让你完美无瑕。很多时候，我们正是因为有一颗平和的心，所以才是一个心理健康而且快乐的人。闻赞而不喜，闻谤而不忧，毁誉不动，内外如一，名出世间。不管上帝给你怎样的生活，不管生活又给你怎样的状态，我们要始终保持一份淡雅的心境，找到人生的平衡点。

　　生活中美好的事情有很多，需要我们用眼睛去发现。很多时候我们总是喜欢追求那些可望不可即的东西，结果最终却失去了更多，甚至丢弃了自己，丢弃了身边爱自己的人。假如我们能好好欣赏身边的风景，能好好爱身边的人，能够好好地用知足的眼光看待周围的一切，那么我们会幸福很多，人生也会因此精彩很多。保持住内心的平衡，在任何时候都能稳住自己的内心，才是人生的大幸福。

人生感悟

　　面对不平衡的时候，能够坦然地面对，是一种境界；在不平衡中能够得到平衡，是一种智慧。保持平衡的心态是最重要的，塞翁失马，焉知非福？当我们面临不公平的时候，不要抱怨，也不要懈怠，要一如既往，经得住考验，要坚信，上天为我们关闭一道门的同时，一定还会为我们打开一扇窗！

把握好你的无价之宝

　　为别人鼓掌，是一个人幸福的无价之宝。我们每个人都希望获得成功，可是我们往往忽略了为他人的成功而鼓掌。为朋友鼓掌，是一种关爱；为敌人鼓掌，是一种修养。当我们都学会抛弃自己的私心为他人鼓掌，我们自己也就具备了成功的品质。成功，需要一种大度。

我们每个人都应该学会正确对待别人的成就。对待朋友的成就，我们应该衷心鼓掌而非忌妒，我们应该高兴而不是失落。这才是真正的友谊。忌妒的毒蛇只会吞噬我们的心灵，而发自内心的祝福却会使我们的心灵受到洗涤，使我们的友谊更加坚固。

我们不但应该正确对待朋友的成就，更应该正确对待对手甚至敌人的成就。在某种程度上，对手是我们另一种朋友。他们虽然不会对我们表示关爱，却使我们保持清醒；他们虽然不会给我们带来帮助，却会用一种相反的力量使我们更加斗志昂扬。在这个世界上，我们不但需要朋友，更需要对手。

因此，对于对手的成就，我们不应当感到沮丧，我们要做的是从对手的成功中吸取经验。当我们把对手的经验了然于胸，我们才有可能打败对手。聪明的人会向对手学习，愚蠢的人却只会向对手诅咒。

20世纪60年代，在美国兴起了众多的零售商店。经过四十多年的争斗搏杀，沃尔玛从美国中部阿肯色州的本顿维尔小城崛起，最终发展成为年收入两千四百多亿美元、商店总数达四千多家的大企业，创造了一个企业界的神话。

沃尔玛的成功得益于其创始人沃尔顿先生积极向竞争对手学习的习惯。沃尔玛的竞争对手斯特林商店开始采用金属货架代替木制货架后，沃尔顿先生立刻请人制作了更漂亮的金属货架，并成为全

美第一家百分之百使用金属货架的杂货店。

沃尔玛的另一竞争对手富兰克特特许经营店实施自助销售时,沃尔顿先生连夜乘长途汽车到该店所在地明尼苏达州去考察,回来后开设了自助销售店,当时是全美第三家。

沃尔玛的经验告诉我们,不要一味地去诅咒对手,去破坏对手,有的时候,向对手的成功经验学习,你才会获得更大的成功。

正确对待别人的成就,需要建立一种健康的价值观,学会控制自己的不良情绪。当我们因为别人的成就而本能地升起忌妒之心的时候,我们应该在心里对自己做出反省。我们不应该让忌妒常驻心中,这是对我们心灵的戕害。

正确对待别人的成就,我们应该学会换位思考。当我们获得成就的时候,我们希望得到的是别人的肯定和赞许,如果在掌声中有嘲笑,那么我们就会感到失落。其他人也是一样,当你对他人的成就投以恶毒的目光时,你就已经伤害到了他。这种伤害是无法弥补的,是难以原谅的。

正确对待别人的成就,需要培养一种大度的胸襟。只有真正大度的人才能够容忍自己的对手获得成功。聪明的人懂得尊重自己的对手,从对手那里学习经验。当对手获得成功的时候,聪明人会检讨自己的失误,并真诚地为对手鼓掌。

如果你希望获得成功,那么就请为别人的成功而高兴。有的时候,一句赞美的话、一个鼓励的眼神,可能就会为你赢得一个朋友。当你为别人的成功而感到高兴的时候,你自己也会收到回报。

某知名企业在中央电视台举办电视招聘，三位求职者为海外经理一职展开激烈的角逐。由于职位只有一个，大家都显得很紧张。但其中一位年轻人竟然很自然地为对手鼓掌，引得台下的观众和评委也跟着鼓起掌来。节目进行到最后时，评委和企业代表一致决定把聘书发给这位年轻人。

这个年轻人或许不如其他人有才能，但是因为他懂得为别人鼓掌，所以他在竞争者中脱颖而出。人与人的才能其实并没有不同，决定成败的往往是那些别人注意不到的细节。

对对手的成就表示祝贺，即使能够表现出你的胸襟，使你获得更多的尊敬。即使你在竞争中输了，也赢得了人生。

2004年总统选举结果揭晓，民主党总统候选人克里落选了，但他当天就给布什打电话祝贺布什连任总统，并且诚恳地承认自己在选举中失败。随后布什发表简短演讲称赞克里是一个"令人钦佩的对手"。支持克里的人说他们没有看错人，布什的支持者也认为克里的表现值得称赞，说克里是输了大选，却赢得了尊敬。克里虽败，但获得了人们对他的尊敬，以一个智者的形象很体面地告别了大选。

克里虽然落选了，但是他向对手致敬的态度却赢得了别人的尊重，甚至也赢得了对手的尊重。

我们都是凡人，但是我们应该培养自己的一种胸襟。我们应该学会赞美他人，肯定他人，为他人鼓掌。为他人鼓掌，是一种艺术；为他人鼓掌，是一种精神。当我们都学会为了别人的成就而高兴，那么我们自己就是一个成功的人。

人生感悟

为别人鼓掌，其实并不是你想象中的那么难。如果你想要使自己的人生之路走得更加顺利，那么就请为朋友甚至对手鼓掌。当你真诚地向他人祝福的时候，你会得到别人百倍的感激。多送出一份鼓励，你就多一个朋友；多送出一份掌声，你就多了一个成功的可能。

以善的眼睛看待世界

人生在世，什么才是最重要的？是快乐和幸福。人生苦短，我们要寻找到自己的幸福和快乐，其余的一切都是空的，唯有人生的幸福才是真正属于自己的。

我们如何能好好地享受现在，如何能不总是怅然若失，如何能真正地拥有我们自己的幸福人生？

把握住今天就是把握住了一切。不要为昨日的痛苦悔恨，进而失去现在的心情，最重要的是今天。何必为莫名的忧虑而惶惶不可终日，曾经的既然一去不返，再怎么悔恨也是无济于事，未来又是可望而不可即，再怎么忧虑也只能是空伤悲。但是今日心、今日事和相伴的人，却是可以触及的，要用心感受你就会感觉现如今的美好，不要在空叹中让今日成为明日的悔恨。当然，过去的美好时光可以回顾，但过去的永远不会重来，我们要学会有所选择地回望人生中的风景，那样才会愉悦我们的心情。未来可以憧憬，也可以通过努力去创造，但未来再美好也毕竟只是个未知数。所以说过去已不能挽回，未来尚无把握，唯有现在才是最实在的。

不要活得太累。常有人感叹，活得真累。累，是心理上的负担重；累，是精神上的压力大。累与不累总是相对的，要想不累，就要学会放松，生活贵在有张有驰。心累，会使自己精神不振；心累，使人长期陷于亚健康状态。别让心太累，要学会解脱自己。每个人都有自己的活法。自己的伤痛自己清楚，自己的哀怨自己明白，自己的快乐自己感受。自己眼中的地狱也许是别人眼中的天堂，自己眼中的天堂也许又是别人眼中的地狱，生活就是这般滑稽。不要总疑春色在人家，关键在于自己心态的调整，过好自己的生活最重要，不攀不比。

好心境由自己创造。我们无法去改变别人的思想，能改变的只有我们自己的心态，恶劣的生活不是因为别人的错误，而在于自己的心态让心情变得恶劣。让生活变美好的金钥匙不在别人手里，而是掌握在我们自己手中。放弃我们的怨恨和叹息，美好生活就会唾手可得。我们主观上本想好好生活，可是客观上却没有好好地享受，其原因是我们太在意别人的目光。不要用别人的错误惩罚自己，也不要用自己的错误惩罚自己。

永远要知道自己是谁，不要跟着别人的闲言碎语走。不必过于计较别人的评价。没有一幅画是不被别人评价的，也没有一个人是不被别人议论的。生活中不必太在意别人的评价，要拥有自我潇洒的人生。

别总是自己跟自己过不去，学会自己欣赏自己，等于拥有了获取快乐的金钥匙。欣赏自己不是唯我独尊，欣赏自己不是孤芳自赏，欣赏自己不是自我陶醉，欣赏自己更不是故步自封……自己给自己一些自信，自己给自己一点愉快，自己给自己一个笑脸，人生何处无快乐？不妨暂时丢开烦心事。人生苦短，何必总是活得不开心？有烦恼是正常的，没有烦恼才是不正常的。若是自己心情不好时，不妨去听一段音乐，不妨去唱一支歌曲，不妨去看一场电影，不妨去打一个电话给朋友，不妨去享受一下阳光……让烦恼心事随风而去吧，给自己一个微笑。

A和B两人一起去探险，途经沙漠，酷热难当，一看水壶里还有半壶水。A心灰意冷："糟糕了，只剩半壶水了，我们只好放弃了。回家吧。"B却喜出望外："太好了，居然还有半壶水呢，我们一定能成功。前进吧！"最后A没能走出沙漠，而B却轻松地走出了沙漠！

甲、乙是同一家公司的销售人员，当不断遭受客户拒绝时，甲心中十分郁闷："为什么客户要拒绝我？为什么受伤的总是我？为什么我做什么都这么倒霉？"而乙却毫不气馁："太棒了，这样的事情竟然发生在我的身上，又给了我一次成长的机会。凡事的发生必有其因果，必有助于我！"甲最终被公司解聘，而乙却成为一名出色的推销员。

很多时候,希望就在眼前,但是我们却只是看见了失望,自己给自己泄了气,最终导致了失败。

不要做欲望的奴隶。人们总讥讽"鱼儿上钩",总叹息"飞蛾扑火",总笑话别人"自陷泥潭"。但是自己仔细想一想,在我们生活的周围,这种欲望的悲剧还少吗?人心不足蛇吞象啊。放纵自己灵魂的人,最终会失去真正的自由!我们必须时刻警惕不良的欲望。

多用善眼看世界。人们往往只看到别人的缺点,而看不见自己的错误和过失,结果就会造成互相埋怨。每个人都要牢记"谦受益、满招损"的古训。水至清则无鱼,人至察则无友。处处不能容忍别人的缺点,那么你的朋友在你眼里将一无是处,你们也就无法和平相处。以恶的眼光看世界,世界无处不是残破的;以善的眼光看世界,世界总是阳光明媚的。多看别人的长处,自己就会拥有很多朋友。福中有祸,祸中有福。莫被一时之得失冲昏头脑,也别一味陶醉于暂时的胜利,一定要学会居安思危,切莫居功自傲,扬扬得意。陶醉胜利,意味着驻足停顿;陶醉胜利,意味着失去警惕。人生路上要永不忪懈,胜利仅仅是一个小小的路标。要取得最后的胜利,我们只有努力,努力,再努力。

人生感悟

人生在世,我们不可能得到所有我们想要的东西,关键的是我们要让自己得到的东西填满我们的内心,让我们的心始终充满着幸福和快乐。

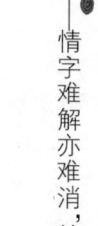

幸福在自己心里，而不在别人眼里

幸福是什么呢？幸福是一种快乐自足的感觉，它完全是个人感受，而非量化标准，也不是别人对你的评价。幸福是自己的，不是别人的！做一个有自我世界的人，做一个有主见的人。只有如此，我们才能更加独立，不受外物所左右，才能更加轻松地去生活，才能真正找到自己的幸福。

幸福是自己的，人生的道路也是自己的。别人说什么并不重要，我们要坚定不移地走自己的路，寻找自己的幸福。走自己的路，是一种人生姿态。走自己的路、坚持自己是一件很难的事情，并不是人人都能做到。很多时候，我们承受着来自各方面的压力，我们不得不时时刻刻地改变自己，甚至是出卖自己。适应生活是应该的，但是我们必须要有自己的底线，做人要有自己的风格，人云亦云的人永远找不到自我。找不到自我，也永远不会有成就感，甚至是存在感。走自己的路是一种境界，是一种无论风吹雨打都坚守自我的执着，是一种穿过别人的质疑的眼神的巨大的清醒，是一种能够自我鼓励的乐观向上的态度，是能够时刻进行自我反省的一种良好心理调节状态。所以说，走自己的路，是一种生活姿态，是一种具有对自己的人生有所要求的人生追求。陶渊明是一个走自己路的人，不惧孤独，踽踽独行在属于自己的心灵世界；诸葛亮是一个走自己路的人，韬光养晦，雷厉风行在三国混乱之中；李清照是一个走自己路的人，苦苦追寻，一生为爱付出一切。做一个有姿态的人，才能在任何时候都不失去自我，才能寻找到属于自己的人生。

一个幸福的人应该学会选择自己的生活，而不是跟着别人走，只有这样才能找到属于我们自己的幸福。人生是很短暂的，我们生活的所有目的都是寻找幸福。奋斗的时候要幸福，吃苦的时候要幸福，挫折的时候也可以幸福，但是最幸福的事情是，在这个世界上，我们是独一无二的，我们每个人都有属于自己的精彩和风格。总是活在别人的计划里，我们永远不会幸福；总是活在别人的眼神里，我们永远不能快乐。很多时候，我们要果断地去选择属于我们自己的生活，唯有如此，你才能积极努力地去进取，才能更用心地去策划，因为我们知道这样的生活是自己想要的，所以我们必须要为自己负责任。很多时候，走自己的路并不是多么平坦，所以会走别人给你安排的路。这样的路也许真的很平坦，但是走下来你发现，这不是自己想要的。只有走自己想要的路，才算真正活过，真正活过的人才是幸福的人，这样的人生才能有意义！

幸福的人要有自己的主见，万万不可人云亦云。我们总是受别人左右，总是无法作出自己的决定，所以我们的路总是被别人左右着，任何时候我们应该静下心来，问问自己到底想要什么，有自己的想法，再去咨询别人的意见，这样才能有所长进，才能真正找到自己想要去实现的。

有一对父子，到集市上买了一头毛驴。回来的路上，父亲心疼儿子，就让儿子骑上了驴。有人看见后说："这小子真不懂事，年纪轻轻的自己骑驴，让他爹地下走。"儿子听说后赶紧下来把父亲让上驴背，又有人看见后说："这个当爹的太不像话，自己骑驴让孩子步行。"父子俩只好都在地上走，有人看到后讥笑："这爷俩傻蛋一对，闲着牲口自己费力走。"父亲一急，自己骑上驴又把儿子拉上去揽着一块往回走。不料一个人鄙夷地喊："这父子俩太不是东西了，一点也不知道心疼自家的牲口，下辈子真该让你们转生成驴！"弄得这爷儿俩无所适从，气恼至极，干脆把驴腿四马攒蹄一捆，找根棍子抬着驴回家了……这回可好，再碰见的人都用惊诧的目光看他们。

"大风刮倒梧桐树，自有他人论短长"。对任何事态，都不乏评头论足者，且人云亦云，各说其理。正所谓"一人难称百人心"。看来，做什么事情都要有自己的主见，该怎么做就只管去做。自己耳朵根子千万可别太软了，稍微一软，就不知道到底该迈哪条腿了。

人生是自己的，无须受别人左右。总是摇摆不定，那是十分愚蠢的。像是这父子俩，驴载着谁不重要，重要的是，无论载着谁，另一个人都会觉得很开心就好，何必在乎形式呢？

一个幸福的人，要有自己的梦想，有自己的追求，不能总是活在别人为你设置的梦想中。一个人若想成功，那么第一步就是要有自己的目标。那就是我们的梦想。梦想是什么呢？梦想就像是一盏照亮我们人生的灯，无论天再黑，我们都能找到前行的路；梦想就是我们苦痛时的安慰，就是我们狂乱时的镇定剂。任何时候，只有有梦想的牵引，我们才能更好地实现自我，没有梦想的人的生活总是混乱的，总是漫无目的，一个不知去向的人怎么能走好自己的路呢？

选择了就坚定地走下去。

有两个西班牙人，一个叫布兰科，一个叫奥特加。

从小，布兰科的父亲就这样对儿子说："孩子，长大后你想干什么都行。如果你想当律师，我就让我的私人律师教你当一名好律师；你如果想当医生，我就让我的私人医生教你医术；如果你想当演员，我就将你送去最好的艺术学校学习；如果你想当商人，那么我就教你怎样做生意！"

奥特加的父亲则总是这样对儿子说："孩子，由于爸爸的能力有限，家境不好，给不了你太多的帮助，所以我除了能教你怎样摆地摊外，再也教不了你任何东西了。你除了跟我去学摆地摊，其他的就是想也是白想啊！"

两个孩子都牢牢地记住了自己父亲的话。布兰科首先报考了律师，还没学几天，他就觉得律师的工作太单调，根本就不适合他的性格。他想，反正还有其他事情可以干，于是，他又转去学习医术。因为每天都要跟那些病人打交道，最需要的就是耐心，还没干多久，他又觉得医生这个职业似乎也不太适合他。于是，他想，当演员肯定最好玩，可是不久后，他才知道，当演员真的是太辛苦了。最后，他只得跟父亲学习经商，可是，这时，他父亲的公司因

为遭遇金融危机而破产了。

最终，布兰科一事无成。

奥特加并不喜欢自己的工作，可是他真的没有其他选择，徘徊了很久之后，他最终决定坚持下去。结果，几年后，他终于拥有了自己的专卖店。

幸福是一种感觉，这种感觉来源于我们对自己的认可度，而非别人的评价。我们要学会活出自己、欣赏自己，打造属于我们自己的精彩。认认真真对待自己的梦想，对待自己的人生，在关键的时候要有自己的选择。

人生感悟

幸福不是别人给的，是你自己给自己的。所有其他的人只是你人生的一个陪衬，最重要的还是你自己。你需要有自己独特的人生理想，坚定的人生信念，唯有如此才能更好地展现你自己，寻找到属于你自己的幸福。

深陷绝境的沼泽——欲望

做什么事情都需要有个度。任何事情都要有一定的分寸,太过或者不足都不会完美。在生活中,我们要满足自己的欲望,同时,我们又要明白,欲望是无底线的,并不是所有的欲望都是好的。

齐景公很喜欢喝酒,有一次大臣弦章上谏说:"君王已经连喝七天七夜了,请您以国事为重,赶快戒酒,否则就请先赐我死好了。"另一个大臣晏子后来参见齐景公,齐景公向他诉苦说:"弦章劝我戒酒,要不然就赐死他。我如果听他的话,以后恐怕就得不到喝酒的乐趣了;若不听的话,他又不想活,这可怎么办才好?"

晏子听了便说:"弦章遇到您这样宽厚的国君,真是幸运啊!如果遇到夏桀、殷纣王,不是早就没命了吗?"于是齐景公果真戒酒了。

晏子的劝诫别出心裁,他既没有纵容君王喝酒,亦没有直接阻止君王喝酒,只是以古时昏君加以比照,使齐景公以之为鉴,并从此戒掉陋习。我们要学习明君齐景公,能够把握节制的分寸,不偏

不倚，恰到好处地去生活。

《猛虎行》云："渴不饮盗泉水，热不息恶木阴。"讲的就是在各种诱惑面前的一种放弃、一种清醒、一种自制。在我们的现实生活中，也需要有一种自制的清醒。其实，摆在每个人面前的诱惑实在太多，这就需要保持清醒的头脑，勇于放弃。如果抓住想要的东西不放，甚至贪得无厌，就会带来无尽的压力、痛苦不安，甚至毁灭自己。

很多人总是渴望在生命中得到很多东西，总是渴望让自己的所有愿望都满足，总是在盼望中度过每一天，欲壑难填，以至于自己都忘了看看周围的风景。别人在享受春风的温柔的时候，他却在想如何能换辆车；别人在享受天伦之乐时，他却在考虑着如何能升职；当别人在海边漫步时，他却在欲望的道路上奔波。忙忙碌碌的生活让这样的人看不到生命中的美好，即使升职也不能让他感到多么快乐，因为他还想要更高的职位；即使有了钱他也不会快乐，因为钱是赚不尽的。

适当的时候，我们要学会摒弃外界的纷纷扰扰，拒绝欲望的诱惑，始终坚守住内心的平静。内心平静了，外界的狂澜对你而言就是空的，一切都与你无关。

有个很出名的画家，总是愁眉苦脸的，因为他想画佛和魔鬼。但是，在现实中找不到他们的原形，他的脑子里怎么也想不出他们的样子，所以他根本就没法画。一个偶然的机会，他去寺院朝拜，无意中发现一个和尚，他身上的那种气质深深地吸引了画家，于是他就去找那个和尚，向他许诺重金，条件是他给画家做一回模特。

画家的作品完成以后轰动了当地，画家说："那是我画过的最满意的一幅画，因为给我做模特的那个人让人看了一定认为他就是佛，他身上那种清净安详的气质可以感动每一个人。"画家最后给了那位和尚很多钱，实现了他的诺言。

过了一段时间，他准备着手画魔鬼了。但这又成了一个难题，到哪里去找魔鬼的原形呢？他探访过很多地方，找了很多外貌凶狠的人，但没有一个满意的。最后他终于在监狱里找到了。画家高兴极了，在现实中找一个像魔鬼的人实在太难了！当他面对那个犯人的时候，那个犯人在他面前失声痛哭地说道："为什么你上次画佛的时候找的是我，现在画魔鬼的时候找的还是我！是你把我从佛变成了魔鬼。"画家说："怎么可能呢？我画佛找的那个人气质非凡，而你看起来就是一个纯粹的魔鬼形象，怎么会是一个人呢？"那个人悲痛地说："自从我得到你给我的那一笔钱后，每天只知道寻欢作乐，挥霍生命。到后来没有钱了，而我的欲望已经一发不可收拾了，于是我就去抢别人的钱，还杀了人，只要能得到钱，什么坏事我都做了，就成了现在的这个样子。"

很多时候，欲望会毁灭一个人，能让一个人失去生命的方向，我们可能暂时得到了很多东西，但是我们发现却因此失去了更多的东西。

人生在世，我们要知道自己真正想要的是什么。人生在世，我们寻求的是生活得有意义，生活得快乐和幸福，让自己爱的人和爱自己的人能够因为我们而觉得幸福。金钱、地位、荣誉不是我们最终想要的，但是很多人并没有及时地转化思想，因为这些物质的东西能够带来快乐,所以我们就把这些东西当作了终极目标,这是多么愚蠢的行为。况且,人生的意义、快乐和幸福并不是通过金钱、地位能够得到的,或者说不一定非要通过它们才能得到,它们只是得到的一种方式,我们可以通过很多其他方式得到。

人生感悟

欲望可以催人奋进,但是也能让人失去自我,失去人生的方向。我们要始终知道自己想要的是什么,不能因为诱惑就失去了人生最初的追求和意义。拒绝人生中的不良诱惑,坚定自己的梦想,坚守自己的底线,寻找到人生的本真幸福!

自知篇

——关照自我少纠结,往事如烟勿缠恋

◇ 第五章　人生之路阔如沧海,生命之舟怎堪重负
◇ 第六章　勇者豪情从容收手,忘净仇怨笑看苍穹

第五章
人生之路阔如沧海，生命之舟怎堪重负

生命之舟在人生的旅途中不断地行驶，会遇到这样那样的问题，稍不留神就会使它超载。自卑、冲动、虚荣、懦弱等都会成为我们的负担。要让我们的生命之舟行驶得顺利并且轻便，我们必须抛开这些增重的元素。

跨越自卑，重获人生的自信

自卑的反义词是自信。自卑让人一蹶不振，自信让人充满希望。跨越自卑后，身上所散发的自信，能够让我们更加从容地面对艰难的任务，也是日后迈向成功的阶梯。

人之所以能，是相信能。积极的人在每一次忧患中都看到一个机会，而消极的人则在每个机会中都看到某种忧患。高尔基曾说过："只有满怀自信的人，才能在任何地方都怀有自信地沉浸在生活中，并实现自己的意志。"

"长风破浪会有时，直挂云帆济沧海"，这是一种豪迈、气势磅礴的自信；"青山遮不住，毕竟东流去"，这是一种果敢、执着的自信；"行到水穷处，坐看云起时"，这是一种淡泊、从容的自信。

有一个悲观的青年因为不得志，想了结一生，在海边徘徊，长吁短叹。有一位老者注意到了，便上前询问："你为什么不开心呢，年轻人？""我现在一无所有，一无所长，不断失败，我再也没有什么指望了，不如一死了之。""你其实很富有，年轻人。""是吗？"年轻人一脸狐疑。"给你十万元，买你的一只眼睛好吗？""那可不行！"年轻人想都没想就回答道。"八万元，买一只胳膊？""不行。""那就买一只手，或三个手指头？""那也不行。"老者哈哈大笑："年轻人，你现在知道你多么富有了吧？"年轻人不好意思地笑了。

众所周知的海伦·凯特又聋又盲，但她通过触觉感知的世界同样丰富多彩。是自信给了她光明，使她的内心充满阳光。同时，她的自信驱散了许多人心头自卑沮丧的阴霾。如果上天让我们失去了前进的风帆，那我们还有可以前行的双桨，让双桨带领我们继续航行。

有一位学生在校庆上要演唱歌曲，第一次登台演出，内心十分紧张。想到自己马上就要上场，面对上千名老师和同学，她的手心都在冒汗："要是在舞台上一紧张，忘了歌词怎么办？"越这么想，她心跳得越快，甚至产生了打退堂鼓的念头。

就在这时，她的好朋友笑着走过来，随手将一个纸卷塞到她的手里，轻声鼓励她："这里面写着你要唱的歌词，如果你在台上忘了词，就打开来看。"于是她握着这个纸卷上了台。因为有那个纸卷握在手心，她的心里踏实了许多。她在台上发挥得相当好，完全没有失常。

表演结束后，她高兴地走向好友。好友笑着说："是你自己战胜了自己，找回了自信。其实，我给你的是一张白纸，上面根本没有写什么歌词！"她展开手心里的纸卷，果然上面什么也没写。她感到惊讶，自己凭着握住一张白纸，顺利地获得了演出的成功。好友继续对她说道："你握住的这张白纸，并不是一张白纸，而是你的自信啊！"

自信是迈向成功的阶梯，是相信自己有力量克服困难，实现一定愿望的一种情感。有自信心的人能够正确地实事求是地估价自己的知识、能力，能虚心地接受他人的正确意见，对自己所从事的事

业充满信心。

有人说:"我就是一个很容易受别人影响的人,我想做一个更有自信、更有想法的人,但是,我周围的人让我越来越自卑。"这样的想法本身就是不对的。美国前总统罗斯福的夫人艾莉诺·罗斯福说过:"没有你的同意,谁都无法使你自卑。"自信是一个循环。如果你表现出足够的自信,别人就会认同你的,你就会因此而越来越自信。

自信很难吗?答案是不难。自信并不是伟人的专利。许多人屡屡在学业和事业上遭遇挫折,他们总是习惯性地把挫折归结为自身潜质的不足,然后往往丧失了战胜挫折的信念和决心。相反,那些特别乐观、特别自信的人总能不断地从自己身上找到前进的动力,总能设法让自己身体里的潜能超水平地发挥出来,战胜了一个又一个困难,才取得了一次又一次成功。

一个人的素质品行在任何时候都会自然而然地体现在日常的行为举止之中。人的素质靠的是平时的修养。有了修养,才能脱颖而出。有了修养,才会知道自己的轻重长短,才能扬长避短地展现你的强势气息。

好的修养养成好的习惯,好的习惯造成对人的好印象,也就能逐渐地自信起来,成为别人眼中的焦点。为了自信,要学会用智慧展现自己积极的一面。

人生感悟

人生路上,难免有坎坷险阻、急流险滩。如果困难是一座山,你躺在山下哀号,那么山只会永远高不可攀。无须顾盼,一路上,有飞瀑、鸟唱为你伴奏,有红花、绿树、白云与你同行。面对山路蜿蜒，崎岖跌宕，又有何惧？路是人走出来的，手握自信，踏平坎坷成大道！

只和自己比，不用他人的标准衡量自己

有句话说得好："任其所长，不任其所短，故事无不成，而功无不主。"所以在生活当中，我们没有必要总是和他人相比，也不要用他们的标准来衡量自己。我们的存在自然有存在的价值，不要为了和别人一样，抛开了自己原本就有的优点。

每个人都会有自己的长处，上帝是公平的。水柔韧无比能够穿越大江南北，但是却没有山的坚韧。鸟儿能够翱翔天空，但是却不能穿越海底。世间的万事万物都有自己的使命，都会各司其职，都有自己的独特之处。鱼儿生来不是为了奔跑，马儿生来不是为了产蛋，我们要找到自己的所长，并让自己的所长发挥其作用，这就是成功的人生。

清朝一位诗人所言："骏马能历险，犁田不如牛；坚车能载重，渡河不如舟；舍长以求短，智者难为谋；生才贵适用，慎勿多苛求。"就好比猫捉老鼠，手到擒来；牛拉大车，拿手好戏。如果硬要让猫拉大车，牛捉老鼠，就会一事无成。所以我们在使用人才时，一定要注意用人所长、避人所短，只有量才适用，各得其所，才能使各类人有用武之地。

"寸有所长，尺有所短"。看上去尺比寸长，但用它量一扇门就

会觉得尺短。寸虽然比尺短，但用它量一根头发的直径就绰绰有余。关键看你怎么用它。《墨子·鲁问》里一句话"量体裁衣"，意为按照身材裁剪衣服，比喻按照实际情况办事。裁衣如此，用人亦如此。人有所长，必有所短。选用人才时，就要量才适用，使各类人才的才能与智慧真正用在刀刃上，充分发挥其应有效能。

世上之人没有完人，各有所长，各有所短。每个人只能在某些方面或者某个领域表现出超群的才能，不可能成为样样精通的"全能冠军"。一个能指挥千军万马的将军，未必能胜任一所大学的校长；一名才学渊博的大学教授，未必能种好二亩田；一个高级建筑师，不一定能砌好一个农家小锅灶。

"人事相宜，人岗匹配"。实践中，要坚持"让合适的人做合适的事"的原则，不断挖掘人的优点和长处，而且使人的最大优势与相关岗位相匹配，让人的优势能得到最大限度的发挥，创造出高价值。

用辩证的观点来看待一个人的长处和短处，在看到一个人的短处的时候，需要再分析一下，与短处相联系的会有些什么长处；在看到他的长处的时候，也要分析一下，与长处相联系的还可能有哪些短处。有的人才很有魄力，敢想敢干，但考虑问题往往不够周密，不够稳重；有的人才处事稳重，深思熟虑，却往往又魄力不足；有的人才原则性强，但工作方法却可能欠灵活。

有一个樵夫在森林里砍了一棵参天红木，然后他拿到镇上去卖。拿给厨师，厨师看了直摇头，因为这棵红木的树枝很弯、干很粗，难以做成顺手的面杖。又拿给造纸工人，造纸工人看了也摇头，因为红木质硬，化浆造纸比不上普通的杨树。然后这个樵夫觉得这么费劲地砍了还卖不到好价钱，干脆直接把树烧成碳卖了。

这时候，路过一个人，他看到了红木，欣喜十分，当场高价买下。原来这个人是一个设计师。他认为这棵参天红木，只要经过加工就可以修成栋梁！

对于同一棵红木，不同的人看到之后会提出不同的使用方法，而无疑只有最后这位设计师的使用方法才是正确的、合理的。因为只有他做到了量材适用。

使用红木与使用人才的道理是相通的。对于一棵红木，把它用来做面杖或是化浆造纸，只会造成部分自然资源的流失，而对于人才来说，如果不能够正确地合理地使用，那么造成的损失远非自然资源浪费所能比拟。因此，在使用人才问题上，量材适用显得尤为重要。

人才，不是全知全能的完人，而是各有所长。有的善于做军事工作，有的善于做政治工作；有的精通某种专业，有的具备多方面的才干；有的懂专业但缺少组织领导能力，有的则二者兼而有之；有的适合做主官，有的适合做副职。就像管仲用人观：任隰朋做大司行，负责外交，因为他举止规范、行动有礼有节、言辞刚柔相济；任宁戚为大司田，掌管农业生产，开荒建城，垦地蓄粮；在军事方面，任用王子城父为大司马，统帅三军，威震敌军；看中了宾胥无断案刚正不阿，从不滥杀滥诬，于是任命他为大司理，负责司法刑律；东郭牙敢于直言进谏，尽臣子之责，富贵、生死皆可抛，于是被任命为大谏之臣，主管监察谏议。

我们每个人都会有自己的特点，有不同于别人的独特的地方，有智慧的人会找到自己不同于别人的地方，并让自己的独特之处不断发光；而愚笨的人只能看到别人的长处和发光处，而忏悔和自责自己的黯淡之处，这样只能让自己越来越失败，越来越没有成就感。很多时候我们没有必要比别人做得更好，也或许我们在很多方面永远无法超越别人，但这不是人生的关键，人生的关键在于开拓新的境界，在于能够做到独一无二，做到让自己的才能一览无余地展现给世界。

最大的成功不是战胜了别人，而是超越了自己；最大的成功不是让别人欢笑，而是能让自己真心的幸福。人生在世，我们需要在乎别人的感受，需要听取别人的标准，但是最重要的是看自己。一个人只有真正了解了自己，才能真正地了解人生，才能寻找到自己人生的落脚点，才能让自己的人生发挥出极致的辉煌和灿烂。

人生感悟

人才贵在适用，如果放错了地方，就使去了价值。所以领导者的责任，就是按照他们这些不同的长处的特点，量才使用，"八仙过海，各显神通"，为各类人才提供最能充分施展才能的机会和条件，使人尽其才，才尽其用。

对冲动说再见

冲动往往是因为不好的事情导致了心情的不爽。如果你跟自己的不爽心情斤斤计较，并不断地任由不爽情绪控制自己的行动，那么，你的一时冲动可能会造成终生悔恨。

1965年9月7日，世界台球冠军争夺赛在美国纽约举行。刘易斯·福克斯的得分一路遥遥领先，只要再得几分便可稳拿冠军了。就在这个时候，他发现一只苍蝇落在主球上，他挥手将苍蝇赶走了。可是，当他俯身击球的时候，那只苍蝇又飞回到主球上来了，他在观众的笑声中再一次起身驱赶苍蝇。这只讨厌的苍蝇开始破坏他的情绪。而且更为糟糕的是，苍蝇好像是有意跟他作对，他一准备击球，它就又飞回到主球上来，引得周围的观众哈哈大笑。刘易斯·福克斯的情绪恶劣到了极点，终于失去理智，愤怒地用球杆去击打苍蝇，球杆碰动了主球，裁判判他击球，他因此失去了一轮机会。刘易斯·福克斯方寸大乱连连失误，而他的对手约翰·迪瑞则愈战愈勇，赶上并超过他，最后夺走了冠军桂冠。第二天早上，人们在河里发现了刘易斯·福克斯的尸体，他投河自杀了！

一只小苍蝇竟然击败了所向披靡的世界冠军！这本是一件不应该发生的事情。事实上，刘易斯·福克斯可以采取另一种方法，那就是：打自己的球，不要理会苍蝇。当主球飞速奔向既定目标的时候，那只苍蝇还怎么站得住？它肯定会被驱逐，飞得无影无踪。

我们倾向于用种种精神的刑具来伤害自己。我们常常会被各种无谓的愤怒所困扰，让自己生活在忧患之中。愤怒可以摧毁人们的活力，削减人的精神，严重影响人们的工作。当一个人很紧张的时候，工作自然也无法达到最高效率。人的各种心理功能，只有在不受丝毫影响时才能发挥其最高的能力。被困在愤怒的情绪中，往往是不灵活的。脑细胞受烦闷的侵扰时，人们是无法集中精力思考的。脑细胞往往被血液冲洗，并从血液中摄取营养。因此，如果血液中常常混合着恐惧、焦虑、怨恨、忌妒和其他毒素，这些脑细胞的"原形质"将受到损害。因此，我们必须学会控制自己的情绪。

首先，我们必须学会自我控制。由于我们都是理性和感性相结合的人，对大小事物都去做理性的判断是不可能的。事情往往是情绪化的意识，这是人性中最真实的一面。因此，我们很容易因为别人的一句话、一个眼神而焦灼，甚至愤怒、悔恨之后才开始平静。

人们总是在意想不到的时候产生不愉快的想法。重要的是不仅要学会如何排除不愉快的想法，还必须学会如何使健康积极的思维、正确的思想和想法占据大脑更多的空间。不去破坏这种情绪的责任在你自己身上。你想放松的时候，你的脑海里往往会有比平时更多的气馁。如果在一个平静无干扰的环境中躺着睡觉，你就往往会开始感到担心和忧虑，所有困惑与心事都聚集在心头。不管什么时候，只要心中气馁的思想和问题出现，就有必要采取措施。只有你可以控制你的思想。用"情感真空"删除负面因素，这样，你就可以开始盘算如何快乐起来，你才有时间感到高兴。谈论欢乐的时刻，憧憬未来的计划，为自己以回忆和现在体验到的快乐感到高兴。因此，这些积极因素将产生积极的行动和情感。

很多人都知道要做情绪的主人这个道理，但总是在遇到具体问题的时候退出，并暗示自己："我不能控制自己的情绪。"不要低估了自我否定，这是一个严重的不良暗示，它真的可以摧毁你的意志，使你丧失战胜自我的决心。在逆境中要改变态度，用坚定的语气对自己说："我是能够走出情绪低谷的，现在让我来试试！"这时你将走进一个新的世界，你会成为自己情绪的主人。输入自我控制的意识，是在开始控制自己的关键一步。事实上，调整控制情绪，没有你想象的那么难，只要掌握正确的做法就能很好地控制自己。在许多调整情绪的方法中，你可以先了解"情绪转移法"，即避免负面刺激，将重点、精力和兴趣投入到另一项活动，以减少自己受负面情绪的影响。"情绪转移法"关键是情感传递采取及时、主动的做法，不要让自己沉迷在负面情绪太久了，现在就采取行动，你会发现自己的负面情绪也可以被彻底击败，只有你可以承担这项重要任务。

在20世纪60年代早期的美国，有一位很有才华、曾经做过大学校长的人，竞选美国中西部某州的议会议员。此人资历很高，又精明能干、博学多识，看起来很有希望赢得选举的胜利。但是，在选举的中期，有一个很小的谣言散布开来：三四年前，在该州首府举行的一次教育大会期间，他跟一位年轻女教师有那么一点暧昧的行为。这实在是一个弥天大谎，这位候选人对此感到非常愤怒，并尽力想要为自己辩解。由于按耐不住对这一恶毒谣言的怒火，在以后的每一次集会中，他都要站起来极力澄清事实，证明自己的清白。其实，大部分的选民根本没有听到过这件事，但是，现在人们却愈来愈相信有那么一回事，真是愈抹愈黑。公众们振振有词地反问：“如果你真是无辜的，为什么要百般为自己狡辩呢？”如此火上加油，这位候选人的情绪变得更坏，也更加气急败坏、声嘶力竭地在各种场合为自己洗刷，谴责谣言的传播。然而，这却更使人们对谣言信以为真。最悲哀的是，连他的太太也开始转而相信谣言，夫妻之间的亲密关系被破坏殆尽。最后他失败了，从此一蹶不振。

为了更好地适应社会，取得事业上的成功，你就有必要控制自己的情绪情感，理智地、客观地处理问题。但是，控制并不等于压抑，积极的情感可以激励你进取上进，加强你与他人之间的交流与合作。如果你把自己的许多能量消耗在抑制自己的情感上，不仅容易患病，而且将没有足够的能量对外界做出强有力的反应。因而一个高情商的人应是一个能成熟地调控自己情绪情感的人。所以稳健的人总是善于捕捉机会，总是能够洞察先机，抓住机遇，努力拼搏。因为他始终有一颗稳定、清醒的心去面对一切。

人生感悟

糟糕的心情会在心底播下不良的种子，所以会有不良的作用反复地传达下来。因此，还是要尽量以明朗的心情来努力比较好。无论做什么事，心烦意乱之下是难以有所作为的。为了去除烦恼，我们还得静下心来，正确地认识自己，冷静地把握机会，以长远的眼光选择适合自己的目标和道路。

匹夫之勇不可贵，学会控制自己

在日常生活中，很多时候我们难免失去理智，会因为很多因素而一时难以控制自己，甚至做出很多不理智的事情。但是仔细回过头来想想，谩骂，殴打，发脾气，最后的后果都要自己来承担，万不可用悔恨代替愤怒，那只能加剧我们的坏情绪。

生活节奏越来越快，生活压力越来越大，我们有太多的情绪需要发泄，有太多的话需要诉说。可是生活并不时时刻刻都那么善解人意，很多时候意外不期而至，瞬息万变是永远不变的真理，我们永远无法预料下一秒将会发生什么。但是我们要学会以不变应万变，把握住自己就能掌控世界，摸清自己就能玩转人生。

我们要知道，谩骂或者大打出手只能显示我们的幼稚，可能暂时可以让你出一口气，但随之而来的事情会让你更难呼吸。我们总是难以控制愤怒和悲伤，发泄了又如何呢，回过头来会觉得自己很可笑。

有一个年轻的农夫，划着自家的小船给别人运送农产品。那天天气酷热难耐，农夫汗流浃背，苦不堪言。为了早点结束这苦难之行，他心急火燎地划着小船，希望赶紧完成运送任务，以便在天黑之前能返回家中。突然，农夫发现，前面有一艘小船沿河而下，迎面向自己驶来。眼看两艘船就要撞上了，但那艘船并没有丝毫避让的意思，似乎是有意要撞翻农夫的小船。

"让开，快点让开！你这个白痴！"农夫大声地向对面的船吼叫道，"再不让开你就要撞上我了！"但农夫的吼叫完全没有用，尽管他手忙脚乱地企图让开水道，但为时已晚，那艘船还是重重地撞上了他的船。农夫被激怒了，他厉声斥责道："你会不会驾船？这么宽的河面，你竟然撞到了我的船！"当农夫怒目审视对方的小船时，他吃惊地发现，小船上空无一人，听他大呼小叫、厉言斥骂的只是一艘挣脱了绳索、顺河漂流的空船。

可想而知，这个农夫是多么尴尬。他没有料想到，自始至终他其实是和自己过不去。整个过程，生气的是他，愤怒的是他，失态的是他，最后脸红羞愧的还是他。很多时候，一些事情真的没有必要值得计较，看似令你怒不可遏的人和事，也许他们并非如此，很多时候是我们自己的心理暗示陷害了我们，是我们自我无法控制的情绪诱导了我们。到头来，你会发现，只有你在那个地方傻傻地生自己的气。

一个医生讲述人该如何乐观地生活时，讲了一个故事。

听说来了一个乐观者，于是，我去拜访他。他乐呵呵地请我坐下，笑嘻嘻地听我提问。"假如你一个朋友都没有，你会高兴吗？"我问。

"当然，我会高兴地想，幸亏我没有的是朋友，而不是我自己"。

"假如你正行走间，突然掉进一个泥坑，出来后你成了一个脏兮兮的泥人，你还会快乐吗？"

"当然，我会高兴地想，幸亏掉进是泥坑，而不是无底洞。"

"假如你被莫名其妙地打了一顿，你还会高兴吗？"

"当然，我会高兴地想，幸亏我只是被打了一顿，而没有被杀害。"

"假如你在拔牙时，医生拔错了你的好牙而留下了患牙，你还高兴吗？"

"当然，我会高兴地想，幸亏他拔错的只是一颗牙，而不是我的内脏。"

"假如你正在瞌睡时，忽然来了一个人，在你面前用极难听的嗓门唱歌，你还会高兴吗？"

……

"这么说，生活中没有什么可以令你痛苦的，生活永远是快乐组成的一连串乐符？"

"是的，只要你愿意，你就会在生活中发现和找到快乐。痛苦往往是不请自来，而快乐和幸福往往需要人们去发现，去寻找。"快乐者说。

人生感悟

再平稳的大地也有颤抖的时候，再明亮的天空也有阴云密布的时候。我们需要适当的愤怒、悲伤、自卑……但是我们必须要学会如何控制自己。学会控制自己，及时排解不良情绪才能享受美好的人生，才能做到身心健康。

抛开虚荣，展现真实自我

人生总是不能十全十美的，不是你想要什么就有什么，永远都是天外有天，人外有人。总有一座山你没有爬过，总有一寸土地你没有走过，总有一种风景你没有领略过。人生如此短暂，我们只允许把时间放在那些我们能得到的东西和已经得到的东西上。

人生既有五颜六色的精彩，又有酸甜苦辣的滋味。人生在世，各有精彩。有的人轰轰烈烈，有的人默默无闻；有的人大起大落，有的人平静如水，人的生活有时候就是容易在这些显性的东西上差别巨大，但是请记住，上帝永远都是公平的，不管你信还是不信。

如果你是虚荣的人，那么你的人生注定不会幸福了。你总是渴望你比别人更出色，你总是时时刻刻把自己和别人比，并且无论如何总是要自己占有上风才能安心。你要穿最好的，用最好的，爱最好的，戴最好的，可是生活不会总是把最好的东西给你，因为最好

自知篇　关照自我少纠结，往事如烟勿缠恋

的东西是有限的，第一名只有一个，至多几个，还是并列，所以我们大多数人都是那茫茫人海中的一员，可能并不会光芒四射，不能一呼百应，但是这并不代表着我们就是失败的人。衡量成功的标准是多种多样的，美丽并不一定温柔，富有并不一定幸福，高薪并一定高质量……很多时候我们要好好把握住自己的优势，然后竭尽所能地发挥自己，展现自己。你就是你，任何时候都不要试图成为别人，只有真实的自己才是令人艳羡的。

过度的虚荣危害非常大，除了伤害自己以外，还会伤害别人。因为虚荣往往会和忌妒相伴而行。

忌妒的危害非常大。一个人一旦被忌妒的情绪所困扰，他就无法集中精力去做自己应该做的事情，往往头脑糊涂，没有任何动力，停滞不前，丧失信心，产生自卑，更可怕的是，很有可能由于自卑而产生仇恨心理，从而做出一些失去理智的事情，造成严重的后果。好忌妒的人由于经常处于所愿不遂的情绪煎熬之中，其心理上的压抑和矛盾冲突所导致的不良的刺激，也会在生理上严重危害我们的身体。

有人把韩非的著作传到秦国。秦王见到《孤愤》、《五蠹》这些书，说："唉呀，我要见到这个人并且能和他交往，就是死也不算遗憾了。"李斯说："这是韩非撰写的书。"秦王因此立即攻打韩国。起初韩王不重用韩非，等到情势吃紧，才派遣韩非出使秦国。秦王很喜欢他，但他还没被任用。李斯、姚贾忌妒他，在秦王面前诋毁他说："韩非，是韩国贵族子弟。现在大王要吞并各国，韩非到头来还是要帮助韩国而不帮助秦国，这是人之常情啊。如今大王不任用他，在秦国留的时间长了，再放他回去，这是给自己留下的祸根啊。不如给他加个罪名，依法处死他。"秦王认为他们说得对，就下令司法官吏给韩非定罪。李斯派人给韩非送去了毒药，叫他自杀。韩非想要当面向秦王陈述是非，又不能见到。后来秦王后悔了，派人去赦免他，可惜韩非已经死了。

这样的例子还有很多，再比如孙膑和庞涓。忌妒是一个害人害己的可怕情绪，忌妒应该受到我们的唾弃和斥责。

忌妒是可耻的，虚荣是可笑的，不要总是把眼光停留在那些所谓美好的东西身上，回过头来你会发现你失去的不仅是优雅，还有原本属于你自己的人生。还记得那个名为《项链》的故事吗？

玛蒂尔特是一位漂亮的女子，她的丈夫是一个普通的小职员。她虽然地位低下，却迷恋豪华的贵族生活，渴望参加上流社会的交际活动。为了出席一次盛大的晚会，她用丈夫积攒下的400法郎做了一件礼服，还从好友那里借来一串美丽的项链。在部长家的晚会上，玛蒂尔特以她超群的风姿出尽了风头。她的虚荣心由此得到了充分的满足，简直兴奋得忘乎所以了。可她竟然把借来的项链丢失了，在这种情况下，她只有隐瞒着好友，慢慢来赔偿。从此，夫妇俩度过了十年节衣缩食的生活。在这艰难的积攒过程中，玛蒂尔特的手变得粗糙了，容颜也衰老了。后来，她偶然得知了她丢失的那条项链不过是一条价格低廉的人造钻石项链，而她赔偿的却是一挂真钻石项链。就这样，玛蒂尔特白白辛苦了十年。

很多时候，我们就是因为自己一时的虚荣丢失了自我。在这个复杂的社会里，有多少虚荣的人在诱惑面前总是难以止步。而人大多时候不是输在困难上，不是输在厄运中，而是实实在在地输在了诱惑上，正是那虚荣的心让我们失去了抵制诱惑的能力。

人生感悟

　　拒绝虚荣，做一个简单快乐的人，做一个积极进取的人，做一个掌控住自我的人。最美好的东西永远都是自己能够拥有的，是自己千辛万苦得来的。世界上没有免费的午餐，切记，万不可因为虚荣失去了自我。

给心境一个自由天空

　　束缚住我们的不是别人，往往是我们自己；没有人能够真正打败我们，除了我们自己。要学会放空一切，给自己一个自由自在的天空。脚步是有限的，但是心是无限的。我们要学会摆脱烦恼，打造轻松人生。

　　幸福不是什么东西，不是美丽的食物，不是美好的风景，不是可观的收入。幸福是一种感觉，是一种能让你真心实意微笑的能力。感到幸福了，美食才能够称之为美食，否则都是味同嚼蜡；美景才之所以为美景，否则都是断壁残垣。只有幸福的人，才能感受到春天那和煦的风儿带着生的希望，才能闻到冬天里白雪精灵的馨香，才能聆听到花开花落的美妙音符。拥有幸福，即使是阴云密布，你照样能感受到太阳的温暖；即使是风雨交加，你照样能志气昂扬；即使是荆棘满地，你照样能勇往直前。

所谓爱、快乐、美妙都和幸福一样，那是一种美妙的感觉，是把世界万物化作可爱模样的神奇魔力。幸福是一种超脱的感觉，很多时候我们需要目空一切，需要超越物质，走出凡俗。

幸福是个调皮的孩子，他挑人，他喜欢那些内心纯净、心无旁骛的人。我们总是感叹假如我们能够回到童年能有多好，因为童年的时候，我们的心是干净纯洁的，我们不会羡慕，不会忌妒，容易满足，乐于从身边寻找快乐，简单的一块糖、一个怀抱、一次饱饱的午睡就能让我们心花怒放。但是长大后，我们慢慢地变得复杂起来，不再简单地笑，不再简单地哭，不再简单地快乐和悲伤，我们学会了隐忍和伪装。所以快乐就是不要太复杂，该放下的东西要放下。

又是绵长的夜，凌晨醒来再也不愿睡去。她想起来一些事情，关于太多。

突然想倾诉，却找不到一个可以诉说的人，只好在微博上打下这一段话：

"一滴眼泪落下来是有多大的重量？我只知道，伤痛过后慢慢愈合的口子，结出无法磨灭的疤痕。从此就带着它，走着，看着，想着，再也不认识完整的快乐。必须坚强，让人看到很完整的一个人，会说，会笑，会吵闹。永远不懂他心底的沉重和哀伤。"

很快就看到一个回复，来自陌生人。他说："乐观是一种完美的生活态度，如果你拥有这种态度，遇到的困难、挫折就不算什么！"

陌生的气息，却很温暖。她想，也许很多时候我们感觉生活不那么美好，就是因为缺乏乐观的态度，跌跌撞撞、颠沛流离的年月总不会太长。没有人会幸运到老，也没有人会破落一世。物极必

反，否极泰来。只要心怀希望，便不会悲伤。她懂得，从此，好好地生活。

乐观的人能够化险为夷，能够在荆棘满地中找到自己的平衡。悲观则是自己给自己设置障碍，那么我们何必给自己使绊子呢！给自己的心境一个自由纯净的天空，那么生活会给你一双飞翔幸福国度的翅膀！

人生感悟

许多人都在刻意追求所谓的幸福。有的虽然得到了，其代价却巨大无比。许多哲人都说，幸福是种感觉。幸福的感觉是随满足程度而递减的，与人的心境、心态都密切相关。当你的心满了，那么世界也就装不进去了，适当的时候我们需要放弃很多东西，给心一个自由快乐的空间。

放弃懦弱，还自己一条勇敢的人生之路

一个人来到这个世界上会害怕很多东西，会害怕疼，害怕离别，害怕伤痛，害怕迷路……无知者无惧，随着我们的成长，我们担心的事情越来越多，害怕的东西越来越多。没有恐惧的人生并不一定就是成功的，但是恐惧不是懦弱、不是退缩，应该面对的我们还是要坚强地去面对。

勇敢是一种生活信念，勇敢不代表着我们不害怕失去生命，不代表着不害怕失去恋人，不代表着不害怕一无所有。每个人都是脆弱的，我们的生命就像是一个玻璃水杯，很可能一不小心就碎了。那么，什么是勇敢呢？

勇敢就是敢于接受挑战，敢于突破自我。世界上最大的敌人是自己。我们失败了，我们退缩了，往往是我们自己不够坚强，往往是我们自己给自己泄了气。其实我们的潜力真的是无穷的，是不可估量的，也许我们不能登上珠穆朗玛峰顶，也许我们不能横跨太平洋，也许我们不能成为世界首富，但是很多事情是可以的。很多时候是我们自己困住了自己，在挑战面前，我们总是说自己不行，总是觉得自己不够强大，总是没等敌人出现我们就自己打败了自己。人生总是充满了各种挑战和机遇，当遇到挑战和机遇的时候，我们要敢于去迎接。当自己对自己不满意的时候，我们要敢于去突破提升。

1987年，她14岁，在湖南益阳的一个小镇卖茶，一毛钱一杯。因为她的茶杯比别人的大一号，所以卖得最快。

1990年，她17岁，她把卖茶的摊点搬到了益阳市，并且改卖当地特有的"擂茶"。擂茶制作比较麻烦，但也卖得出好价钱。那时，她的小生意总是忙忙碌碌。

1993年，她20岁，仍在卖茶，不过卖茶的地点又变了，在省城长沙，摊点也变成了小店面。客人进门后，必能品尝到热乎乎的香茶。在尽情享用后，他们或多或少会掏钱再拎上一两袋茶叶。

1997年，她24岁，长达十年的光阴，她始终在茶叶与茶水间滚打。这时，她已经拥有37家茶庄，遍布于长沙、西安、深圳、上海等地。福建安溪、浙江杭州的茶商们一提起她的名字，莫不竖起大拇指。

  2003年，她30岁，她的最大梦想实现了。"在本来习惯于喝咖啡的国度里，也有洋溢着茶叶清香的茶庄出现，那就是我开的……"说这句话时她已经把茶庄开到了香港和新加坡。

  很多时候，我们是一步一步地在前进，很多时候可能我们觉得已经够了，但是路是长远的，我们要敢于开拓，无论你选择了什么，只要你坚持不懈，敢于突破，终有一天，你将取得巨大的成功。

  勇敢就是敢于面对灾难，在困苦中依然淡淡微笑。苦难是我们人生忠实的朋友，爱情会背叛，友情会翻脸，幸福会走开，快乐会躲迷藏，但是苦难不会，我们一生会遇到很多的困苦，遇到很多的不顺利，这并不代表着人生就是困苦的、痛苦不堪的，生命的本色如此，只是看你怎么对待苦难。

  没有一如既往的平坦，没有一路顺风的永恒，没有风平浪静的承诺，所以如何面对困难是我们永恒的人生课程。从小到大，我们就被我们的父母和老师这样教学：跌倒了就爬起来，哭没有用。流血了就擦干净，惊恐没有用。迷路了就找到出口，迷茫没有用。哭泣、抱怨、退缩只能加剧你的苦难，除了显示我们的懦弱外毫无用处，即使你哭了，你抱怨了，但是永远都不要懦弱地拒绝面对，生命允许有脆弱，但是不允许有懦弱。

  勇敢就是敢于享受生活，快乐就使劲快乐。很多时候我们不是没有幸福，不是没有快乐。我们总是想的太多，总是喜欢给自己制造困难和悲伤。我们害怕地震会到来，我们害怕明天会失业，我们害怕会出现什么意外……何必总是想太多，何不就大胆地开心快乐、无畏地幸福呢！你敢幸福快乐吗？

人生感悟

我们要学会勇敢地面对困难,面对人生中种种的不快乐。勇敢的人总是能够乘风破浪,即使是失败也要昂头挺胸;即使失去机会,也不会失去志气。勇敢的人生才是美丽的人生!

改掉不良的习惯,为生命之舟减负

良好的习惯能够成就一个人的一生,具有了良好的习惯就像是具有了成功的尚方宝剑,能够让你在人生的道路上更加顺利。习惯的养成是一个久而久之的过程,我们在生活中要坚持不懈。如果你有坏习惯,那么一定要改掉,坏的习惯是我们人生沉重的负担,学会放弃它们才能成就更完美的人生。

每个人都不是十全十美的,玫瑰美丽却有扎人的刺。我们也是一样,每一个人身上都会有很多刺。坏习惯就像是影子一样总是跟着我们,无论我们干什么,到了哪里,它们总是不合时宜地跳出来让你尴尬一下。而更可怕的是,我们有时候无法意识到自己的坏毛病,总是自以为很完美,但是那些小毛病早已在不知不觉中出卖了你。

生活是我们的老师,美国成功学家格兰特纳说过这样的话:"如果你有为自己系鞋带的能力,你就有上天摘星星的机会。"我们要善于养成一些好习惯,因为好的习惯是我们的朋友,能帮助我们

更快地走向成功，相反，坏的习惯是我们的敌人，它只会让我们感到难堪、丢脸，给我们添麻烦。所以我们要杜绝坏的习惯。

坏习惯会让我们不知不觉地失败，而好的习惯才能让你更容易成功。举手投足间的一个动作会成就你也会败坏你。

生产汽车的"福特公司"世界闻名。福特原是一个人名，他毕业后，到一家汽车公司去应聘。与他同时去应聘的三个人都比他学历高，当前面几个人面试结束之后，他觉得自己没有什么希望了。但既来之，则安之。他敲门走进了董事长办公室，一进办公室，他发现门口地上有一张纸，便弯腰随手捡了起来准备送给董事长，但是他发现那是一张有污渍的纸，便顺手把它扔进了废纸篓里。然后他才径直走到董事长的办公桌前，说："我是来应聘的福特。"董事长说："很好，很好！福特先生，你已被我们录用了。"福特惊讶地说："董事长，我觉得前几位都比我好，你怎么把我录用了？"董事长说："福特先生，前面三位的确学历比你高，且仪表堂堂，但是他们的眼睛只能'看见'大事，而看不见小事。你的眼睛能看见小事，我认为能看见小事的人，将来自然能看到大事，一个只能'看见'大事的人，他会忽略很多小事。他是不会成功的。所以，我才录用你。"福特就这样进了这个公司，这个公司后来在同行中崛起，名扬天下。再后来福特做了董事长，福特把这个公司改名为福特公司，使美国汽车产业在世界占居鳌头。

福特凭借一张废纸就赢得了这个工作，并且使自己在这条路上越走越远。

那么我们应该怎样改掉不良的习惯呢？

敢于听取别人的意见，并虚心改正。总是沉迷在自己的世界里，不听别人的劝告，终有一天我们会摔得很惨。每个人都会有不完美的地方，每个人都会有不足的地方，发现缺点后不要一味地掩盖或不以为然地逃避，而是要敢于面对，虚心求证，万万不可狂妄自大，最后伤害的是我们自己。即使伟人也有犯错误的时候，伟人不是圣人。即使是成功的人也有自己的缺陷。当我们真的有缺点的时候，就要毫不留情地去修正自己，去批判自己，在不断地自我否定中迅速成长。

有一次，唐太宗问魏徵说："历史上的人君，为什么有的人明智，有的人昏庸？"

魏徵说："多听听各方面的意见，就明智；只听单方面的话，就昏庸（文言是'兼听则明，偏听则暗'）。"他还举了历史上尧、舜和秦二世、梁武帝、隋炀帝等例子，说："治理天下的人君如果能够采纳下面的意见，那么下情就能上达，他的亲信要想蒙蔽也蒙蔽不了。"

唐太宗连连点头说："你说得多好啊！"

又有一天，唐太宗读完隋炀帝的文集，跟左右大臣说："我看隋炀帝这个人，学问渊博，也懂得尧、舜好，桀、纣不好，为什么干出事来这么荒唐？"

魏徵接口说："一个皇帝光靠聪明渊博不行，还应该虚心倾听臣子的意见。隋炀帝自以为才高，骄傲自信，说的是尧舜的话，干的是桀纣的事，到后来糊里糊涂，就自取灭亡了。"

积极向别人学习，见贤思齐，见不贤而自省。近朱者赤，近墨者黑，要想成为一个优秀的人，我们要学会和优秀的人在一起。每一个优秀的人总会有一两个优点支撑着他，总会有非常过人的地

方。我们要虚心地向别人请教，敢于放下面子去积极地学习，需要请教的地方一定要虚心请教。只有不断地学习才能不断地提升自己。孟母三迁的故事依然耳熟能详，我们也要学会不断地给自己找一个学习的目标，不断地向着更优秀的人生迈进。

丢掉坏的习惯就像是丢掉那些不必要的行囊，只有不断地丢掉坏习惯，我们才能走得更加轻松，才能在激烈的竞争中轻装上阵。一个人的成功不是一蹴而就的，我们要有足够的耐心改掉自己的坏毛病。很多时候那些习惯非常地顽固，总是挥之不去，缠着我们不放，我们一定要坚定信念，不断地修正自己，不断地检查我们改正的成果，加强巩固，要改就要改得彻彻底底。

每个人在成长过程中都会在不自觉中养成很多不好的习惯，于是慢慢地我们的人生变得劳累不堪，这些坏习惯会慢慢地成为你特定的生活模式，你的为人处世都会受其影响。如果我们不能及时发现，很多时候甚至会成为你自身的痼疾，很难再改变，会成为我们事业的障碍。

很多时候进步就是改掉自己的坏习惯，进步就是一种修正。而在以后的人生中，你会发现，接触新事物不是我们人生的障碍，反而是如何祛除旧的东西成了我们的难题。要谦虚地对待自己的缺点和不足，认真修正，让我们的人生变得越来越完美、轻松。

人生感悟

一棵参天的大树需要不断地修剪枝条，否则难以长成有用之材。坏毛病就像是庄稼地里的杂草，它会吸收阳光和水分，从而妨碍庄稼的成长，我们要学会把自己身上的野草清除掉，这样才能收获人生。

第六章
勇者豪情从容收手，忘净仇怨笑看苍穹

敢于告别过去，才能拥有未来；善于忘记悲伤，才能够迎接快乐。宽容是上天给我们的最美丽的东西，它能让我们忘却愤怒，忘却仇恨，忘却伤害。心存美好才能创造美好，心存善良才能遇到善良。宽容不仅是对别人还要对自己，原谅别人才能原谅自己，原谅自己的失败，原谅他人的背叛，不断地成长为一个勇敢的人，一个心怀宽广的人。

一笑泯恩仇，宽容最大

在我们的人生中，也会有很多处处针对我们的人，我们采取什么样的态度面对呢？是排挤是报复还是包容呢？

包容是什么？

包容是一种理解，是一种博大，是一种宽容，是一种高尚的品格。俗话说得好："人非圣贤，孰能无过。"每个人都难免犯错，因此我们要拿出自己的包容之心，宽容对待他人的错误，允许他改正，而不要总想着以牙还牙，或是揪着对方的小辫子不放。这样在我们犯错的时候，就会得到他人的包容。一个缺乏包容之心或者不注重这方面的修养的人，无形中会为自己制造很多矛盾，或者在矛盾出现之后针锋相对，火上加油，造成更多更大的矛盾，这不仅不利于自己，更不利于今后工作的开展。

包容是一种博大的胸怀，是一种上乘的人生境界。常言道：忍一时风平浪静，退一步海阔天空；处世让一步为高，待人宽一分是福。不计较别人的过失，不计较别人的错事，对伤害过自己的人要客观正确对待，原谅别人的过错。为一点小事斤斤计较、争吵不休的人，不但做不成大事，甚至最后还会伤害了自己。而当你表现出自己的那种风度翩翩的宽容和大度时，好机会也就在远处向你招手了。

记得大肚弥勒佛殿门前有这么一副对联——"大肚能容，容天下难容之事；开口便笑，笑世间可笑之人"。这副对联给世人留下深刻印象，脍炙人口，常用来形容用包容与乐观的态度对待当今的人和事。

珍妮是一家公司的职员，在工作方面很有能力。在一次外出的时候，手提包意外被盗，里面除了常用的钱物外，还有一个U盘——一组急需要的数据。这下可把她急坏了，因为老板已经交代过，第二天一早，就要用这个数据去开一个重要的会议。所以在下班前必须把数据交给老板。

当她既内疚又担心地站在老板面前讲完事情发生的整个经过以后，老板却意外地笑着，并开玩笑地对她说："没有关系，小偷并不知道这份材料你急需呀，呵呵。数据整理需要一段时间，在今天晚上12点前你能整理出来就可以了。你可以回家整理后，用邮件传给我，然后我再看，不会耽误明天的会议的。不要感到悲观哦，加油快点去做吧，不然时间来不及了。"

那位没有暴跳如雷的老板，用包容的态度处理了这件事，使珍妮心怀感激，后来任凭其他公司有多么优厚的待遇聘请她，她都不为之所动。

一个小小的举动，换来的是公司员工的一片赤胆忠心。包容的力量就是那么神奇，它总是能给对方一种感情上的支持，让其内心大受鼓舞和感动。面对他人的失误和错误，给自己带来损失的时候，人们往往板起自己的面孔，或者惩罚对方。也许这样做有一定的威慑力，但是别人对你的印象就会大打折扣。有的时候不妨拿出自己的包容之心，谅解对方的过失，原谅对方的错误，虽然自己受到了损失，但是得到的是别人对自己从内心里的敬佩。

人心不是靠金钱和权力征服，而是靠包容和大度去征服的。对他人多一些理解，多一些尊重，多一些关爱，就是为自己拓宽一条路。能容天下难容之事，你就会处处路顺，事事舒心。如果为了一些小事儿争论不休，为了小小恩怨耿耿于怀，相互拆台，寻机报复，最终结果会是两败俱伤或身败名裂。

大海，正因为它谦逊地接纳了所有的江河，才有了天下最壮观的辽阔与豪迈。我们拥有一颗包容的心，就会发现在每个人身边都会有美的存在，以包容的态度去发现工作和生活中的美，一旦发现美，就更有激情和活力地去奋斗。

三国时期的蜀国，在诸葛亮去世后任用蒋琬主持朝政。他的属下有个叫杨戏的，性格孤僻，讷于言语。蒋琬与他说话，他也是只应不答。有人看不惯，在蒋琬面前嘀咕说："杨戏这人对您如此怠慢，太不像话了！"蒋琬坦然一笑，说："人嘛，都有各自的脾气秉性。让杨戏当面说赞扬我的话，那可不是他的本性；让他当着众人的面说我的不是，他会觉得我下不来台。所以，他只好不作声了。其实，这正是他为人的可贵之处。"后来，有人赞蒋琬"宰相肚里能撑船"。

一天晚上，楚王携爱妃举办烛光晚会，大宴群臣。酒至半酣，忽然一阵大风把蜡烛吹灭。一名武将欲乘黑调戏楚王爱妃，被爱妃一把扯下盔上红缨，爱妃建议楚王即刻点灯，看看哪个家伙盔上红缨已失，严加惩办。岂料楚王大度，下令众将全都摘去盔上红缨，然后方可点灯。不久，楚王御驾亲征与敌国开战，被困重围。手下兵将四散奔逃，楚王命悬一发。忽然窜出一将拼死力战，保楚王杀出重围，捡回一条性命。这人便是那日被楚王宽恕的人。

包容能够让你周围的人更加地敬重你，能够让你周围的人不再疏远你，能够为你寻得更多的知心朋友。很多时候宽容即是给别人留面子，给别人留面子就是善待别人，就是爱别人。

很多时候包容别人就是包容自己。人人都有犯错误的时候，每个人都不可能做到尽善尽美，我们总会有失误的时候。连自己都会犯错，我们又何必要苛求别人呢？我们要以宽容的眼光去看待这个世界，看待所有的事情，只有这样，我们才能保持内心的平和，才能在适当的时候给自己找个台阶下。

人生感悟

一语包容，雨露缤纷，一生宽容，心系乾坤。我们要有一颗包容的心，只有以包容的心态去发现他人的优点，以包容的态度对待他人，才会形成自己和他人的凝聚力，才会迎来直奔目标路上的一片灿烂阳光。

不要徘徊犹豫，认准了的事情就去做

梦想是人生的指航灯，我们不能没有梦想。当我们在追求梦想的时候，如果遇到挫折，我们应该调整自己的情绪，更加努力地去追寻它。认准的事情就要积极努力地去做，坚信自己，坚信人生。

每个人小时候都有许多伟大的梦想。"我要做科学家""我要做天文学家""我要做文学家"……当老师点名提问的时候,一只只稚嫩的小手高高举起,渴望说出自己最伟大的梦想。虽然稚嫩,却是豪情万丈,令人不敢轻视。

言犹在耳,我们却一点点长大。不知道从什么时候开始,我们的情绪已经消沉,我们的性情已经世俗化,只想小心翼翼地经营自己的生活。我们再没有了那份豪迈,再没有了那份气魄。

这时候,我们真的已经长大了,然而这份成熟却付出了太惨痛的代价。成熟使我们用平庸代替了不凡,用消沉代替了乐观,用鼠目寸光代替了高远志向。生活将我们的棱角一点点磨去,同时也磨去了我们的梦想,磨去了一份本可以光芒四射、充满创造力的人生。

每个人都不要使自己变成一个无梦的人。无梦意味着情绪的消沉。即使现实不容许你去做,但还容许你去想。有梦想的人,他的人生才是最为光明的。许多成功人士,他们的成功就是从"做梦"开始的。

曼德拉出生在一个小村庄,九岁那年父亲就去世了。从小曼德拉就经常目睹当地大酋长在解决部落争端过程中被白人的法律所约束,他逐渐萌发了寻求正义和平等的理想。年纪大一些后,他多次领导同学抗议学校的白人法规,甚至因领导学生运动而被学校除名。在一次次的"斗争"中,曼德拉逐渐立下志愿:要为南非的每一个黑人寻求真正的公正。正是这样的梦想支持着他、鞭策着他,使他一步一个脚印地向自己的理想前进,最终曼德拉成为南非第一位黑人总统,他同南非种族隔离制度进行了几十年不屈不挠的斗争,赢得了全世界人的支持和喝彩。因此,有人说,曼德拉已经成为一个时代的象征。曼德拉的反抗精神、对正义和理想的追求正是基于童年时期就开始明确的梦想。

比尔·盖茨从小就是个"电脑迷"。他1955年10月28日生于美国西北部华盛顿州的西雅图，小时候就开朗活泼，是一个精力充沛的孩子。不论什么时候，他都在摇篮里来回晃动。等长大些又花许多时间骑弹簧木马。后来，他把这种摇摆习惯带入成年时期，也带入了微软公司，摇动了整个世界。比尔·盖茨在学校时酷爱数学和计算机。保罗·艾伦是他最好的校友，两人经常在湖滨中学的电脑上玩三连棋的游戏。那时候的电脑就是一台PDP-8型的小型机，学生们可以在一些相连的终端上，通过纸带打字机玩游戏，也能编一些诸如排座位之类的小软件，小比尔·盖茨玩起来得心应手。1972年的一个夏天，年龄比他大三岁的保罗拿来一本《电子学》的杂志，指着一篇只有十个自然段的文章，对比尔说，有一家新成立的叫英特尔的公司推出一种叫8008的微处理器芯片。两人不久就弄到芯片，摆弄出一台机器，可以分析城市交通监视器上的信息，他们就想成立一家名为"交通数据公司"的公司。1973年，比尔上了哈佛大学，保罗则在波士顿一家叫"甜井"的电脑公司找到一份编程的工作。两个伙伴经常会面，探讨电脑的事情。如苹果砸出牛顿的灵感一样，个人电脑突入比尔的脑海也有一个外在的启蒙者。这就是1975年1月份的《大众电子学》杂志，封面上Altair8080型计算机的图片一下子点燃了比尔·盖茨的电脑梦。他和他的好朋友保罗在哈佛阿肯计算机中心没日没夜地干了八周，为它配上Basic语言，开辟了PC软件业的新路，奠定了软件标准化生产的基础。如今，微软已成为业内的"帝国"，而这与比尔·盖茨小时候的"电脑梦"是不无关系的。

如果曼德拉没有坚持自己的梦想，而是和其他人一样去过平庸的生活，那么他永远不会成为南非的总统。如果比尔·盖茨没有坚持他的"电脑梦"，那么建立强大的微软帝国也就无从谈起。他们和其他人一样的是拥有自己的梦想，他们和其他人不同的是去认真实现了这些梦想。只要坚持自己的梦想，一个人就会取得成功。

　　或许你还在为生活中的柴米油盐而烦恼，或许你只是一个普通得不能再普通的人。但是，我建议你从现在开始，放下自己手中的工作，认真去回忆你曾经有过的众多梦想。或许只是想吃一顿大餐，或许只是想去一个城市旅游，或许只是想听别人一句赞美。无论那梦想是什么，写下来，列出一个单子，然后努力去做。这样你会发现你的生活原来还没有那么糟糕。你大可不必消沉度日，因为你有了奋斗的目标。

　　拥有梦想对每一个人都很重要。去想象一下，如果大海上没有灯塔，那么船儿会多么孤寂无助；如果马路上缺少了路灯，那么行人该有多么迷茫。梦想就是那指引人生道路的灯塔，有了它，你就会知道究竟要往什么地方去，你就会明白你正在向什么方向航行。如果一个人没有梦想，那么他必然如同行尸走肉一般。生活对他而言只是混日子，除此之外没有任何价值，他的整个人生也就毫无价值。他可以毫不吝惜地挥霍自己的岁月，因为他没有珍惜它的理由。这样的生活，即便外表光鲜亮丽，又有什么乐趣可言？那只是纸醉金迷的牺牲品罢了，可怜，可悲，可叹。

人生感悟

　　你的梦想如果是月亮，那么你至少会达到树梢。一个人不能没有梦想。你的梦想即使再卑微，也不要将它忘记。拥有梦想的人生才是充满希望的。拥有梦想的人才是幸福的。认真呵护你的梦想，那是你人生的最大财富。

坦然面对自己的错误

面对错误，要学会坦然。坦然是一种理性的态度，犯错的人往往会陷入两种境地：要么深深自责，要么将错就错破罐破摔。这两种情绪对生活无益，前者是徒增悲痛，后者坐失获得经验的机会。

知错就改方显一个人的力量。生活其实很简单：如果你丢了一件东西，努力去寻找，找不到就放下，再去追寻下一个。没有好的结束，就没有下一个好的开始。不能尽快地结束，也就不能尽快地开始。摔倒了就赶紧爬起来，继续赶路。

清朝同治年间，有个得道的禅师。他非常精通卜算术，多次帮人排忧解难，深受人们尊重。

一次，他给自己算了一卦，卦底让他大吃一惊：后天凌晨启明星消失时将是他的死期！

禅师非常悲伤，后来还是很平静地把这个消息告诉了他的弟子。匆匆安排完后事，又作了简单的准备，禅师就开始静静等待死期来临。可是他的身体状况很正常。

第二天晚上，人们都来为他送行。太阳就要爬出地平线了，启明星异常明亮。

禅师从容地登上藏经阁，打开百叶窗。楼下，人们静静地为他祈祷。

朝霞渐渐染红了东方的天空，禅师的身体依然没有任何不适。他实在想不出，灭顶之灾将会以怎样的方式降临。

可怜的禅师不由得担心起来：到了那个可怕的时刻，卦底若是出现些许差错，岂不是坏了几十年苦心经营的名声？老脸往哪里放？启明星渐渐变暗，变暗……呀，启明星消失了。人们都在欢呼雀跃祝贺禅师幸免于难。

禅师却纵身一跃，毅然从藏经阁上跳下！

人难免会有犯错误的时候，知道自己错了，坦诚地承认就是最理智的选择，何必用更大的错误来折磨自己呢？人非圣贤，孰能无过。犯错并不可怕，只要懂得及时弥补，及时改正，不要在同一个地方摔倒就好。

人是要不怕犯错误的，所谓"知错能改，善莫大焉"。只要我们记录下自己的错误，并加以分析，以免重蹈覆辙，这样，错误就变成了经验。在某种意义上讲，这些经验比结果还要珍贵。

春秋时期，晋国的国君晋灵公是个暴君。有一次，厨师煮的熊掌不够熟，他就下令把厨师杀掉了。大臣士季进宫劝谏他，话未出口，晋灵公就说："我知道错了，今后一定改正。"其实，他只是想用认错来堵住士季的口罢了，何尝真想改正错误。士季便说："人谁无过，过而能改，善莫大焉。"士季重点落在一个"改"字，知错能改，坏事也就变成了好事。

俄国大作家托尔斯泰在年轻时曾一度花天酒地，不思进取。但他及时醒悟，并对自己约法三章，还主动参军，以锻炼自己的意志，为他将来要走的路打下了良好的基础。最终美好的品质在他身上扎下了根，使他成为了历代最伟大的作家之一。

美国航空在巴菲特投资后的一年由于竞争激烈而巨亏，巴菲特一年损失了4.54万美元。总裁打电话给巴菲特对投资结果表示道歉。"萨斯，希望你记住，"巴菲特反驳说，"是该我给你打电话而不是你给我打，之所以投资不好我只能怪自己。现在只有顺其自然了。"

人生在世，总会犯些错误。面对不可避免的错误，有些人能够坦然面对，积极纠正，从错误中吸取教训，也能使错误发挥它的积极作用。而另一些人却不去正视错误，又或者竭力文过饰非，无视错误的严重性，活得浑浑噩噩，沉陷在错误中无法自拔，因一次小小的过错就开始变得不自信，对自己加以怀疑，甚至自我放逐。前一种人一步步将自己引向幸福的殿堂，而后者却是一步步将自己陷入不幸的深渊。即使跨出一小步便可得到幸福，他们也不愿意向前，而是任凭痛苦吞噬自己。

坦诚面对自己的错误，不仅不会使别人对你反感，可能还会让别人更加痛快地原谅你的错误。知错就改是一种积极向上、积极进取的人生态度，是一种敢于面对一切的潇洒不羁，也是职场的成熟人士所必须具有的一种风度。所以说，不要为自己的错误进行辩解。勇于承担责任并且积极改正错误，才是我们应该具备的素质，才是我们正确做事的方法。

有些人是明白自己犯了错误的，但因为怕丢面子或丧失威信，从而缺乏改正错误的勇气。更有甚者，一意孤行，将错就错，这其实是一种懦夫的行为。实际上，勇于承认过错并改正，不仅不会被嘲笑，反而会赢得别人的尊敬。

有时候，我们明知道我们那样去做不对，但我们还是去做了，这是非常无奈的选择；有时候，我们已经意识到不对，但因为不能坦然地面对错误，于是想方设法地文过饰非。实际上，对一个人来讲，让他去做一件错事，已经是非常痛苦的事。对更多的人来讲，坦然地面对错误，确实非常困难且需要极大的勇气！

错误在人的一生中是不可避免的，我们只能做到尽量不犯重大错误、立即改正已知错误且不去犯同样的错误，在错误和挫折中使自己不断完善、不断成熟、不断强大、不断超越。责任是不能推卸的，我们要清醒地认识到：绝不要放过对错误的纠正，绝不可以以各种借口来为自己辩护并原谅自己。正如美国西点军校《军规》中强调的那样："要养成不找借口的习惯。""失败不容有借口。如果情有可原，可将情况说明，但这种说明即便被接受了也不能作为借口。"承认错误，承担责任，是每个人应尽的义务。能够担负责任的人才可以信任，可以委以重任。面对过错，我们不要试图逃避自己应承担的责任，而是要勇敢地面对它。我们应在内心深深牢记"承认错误、担负责任"，让它成为我们脑海中的一种强烈的意识和人生的基本信条。

人生感悟

古人云，知错能改，善莫大焉。知错不改，会让你在错误的路上越走越远、越陷越深，那就非常危险了。那么你就失去了道德修养之根本。只要错误和失败与己有关，就要抱着承担百分之百责任的态度去剖析，去总结，去规划，去彻底地改正。不放过任何一点细小的过错，对自己真诚，才能够反躬自省，不断地进步。

脆弱永远是向困难屈服

在我们前行的道路上，我们的目标愈远，计划愈大，磨难也会愈多，正所谓不经历风雨怎么见彩虹。凡是要做得好的事情，都不是随随便便就行的。面对失败，我们不能总为自己找借口，要多为成功找理由。

其实我们已经失败过很多次，并且没有为自己找借口。可能这些你不记得了。你第一次尝试走路，你摔倒了，但是最后学会了走路；你第一次张嘴说话，你说错了，但是最后学会了说话；你第一次游泳，你呛水了，但是最终你学会了游泳……

这些失败我们都没有给自己找借口，而是给了自己努力进取的理由，最终成功了。所以我们不要担心失败，如果畏惧失败，不断为自己找理由、找借口，那么我们将丧失成功的机会。

1992年奥运会上，王义夫完成了他运动生涯的巅峰之作，在巴塞罗那一战成名。与大多数成功者一样，王义夫并非一步登天。1984年洛杉矶奥运会上，已经小有名气的王义夫错过了为中国夺得第一枚奥运金牌的机会，只站在了领奖台的最低一层。1988年汉城奥运会，他再度失意而归。然而，在失败面前，王义夫选择了果敢前行，不为自己找借口，放弃所有的包袱，继续勤奋苦练，终于在

1992年的奥运会上获得冠军。

与大多数成功者一样，王义夫也并非总是一帆风顺。1996年的亚特兰大奥运会，王义夫在明显领先的情况下，最后一枪因为伤病昏倒赛场，以0.1环之差被后来者超越。而这0.1环细得就像圆珠笔画出的一道线。王义夫并没有为自己的失败找借口，没有觉得是因为伤病昏倒造成的失败，而是再接再厉。

时间就这样轻巧地绕过了20个年头，曾经有人在1996年奥运会后就断言，王义夫的运动生命已经到了尽头。可是这个东北汉子愣是咬牙撑到了现在。四十多的王义夫早已过了死拼体力的年纪，他没有觉得年纪大是失败的借口，而是觉得年龄成了如今的一笔财富，他知道该怎么发力，更知道什么时候发力，更好地取得胜利。于是，44岁的王义夫在2004年雅典奥运上再次夺金。

失败与成功这对"冤家"，既是死敌，又是死党。因为成功永远建立在失败之上，而失败往往就是成功的下一次机会。

谁敢、谁又能保证自己是"常胜将军"？没有一个人没有尝过失败的滋味吧？在失败时，我们沮丧、烦恼甚至堕落，在这个苦闷的时刻，总会找些看似恰当的借口使自己舒服一些。而这些看似恰当的借口，说白了，就是为自己失败寻找的一种掩饰而已。

考试考不好，借口是，这次考题出偏了，超出大纲范围了；上班迟到了，借口是，今天堵车比较厉害；工作任务没有完成，借口是，领导说任务量大可以拖延几天；生意失败，借口是，社会的原因……平时生活中的小事做不好，就常常找借口的人，一定在自己的理想或者目标没有完成面前，找各种各样的理由。借口让我们舒服了，然后我们心安理得地接受了借口，接受了失败。时常找借口，这个借口就像是精神鸦片，会腐蚀人的心灵，让我们丧失了去争取胜利的斗志。久而久之，我们就会失去成功的机会。

聪明的人能够在苦难中不断寻找出口，不断找到自己的不足，然后继续前进。生活有时候需要不断地承受苦难，很多时候苦痛就是一剂良药，告诉我们的不足之处在哪里，所以正确运用苦痛的人，才是善于改正缺点的人。上帝不会轻易放弃一个人，只有爱你才会让你觉得痛苦，因为只有在痛苦中我们才能最快成长。

生活是一盒巧克力，在没有打开之前，我们都不知道它的味道，也许是苦的，也许是甜的，但是无论是哪一种味道，都是生活最真实的存在。我们不能总是奢求生活是快乐的，生活的美好也许就在于它的多姿多彩。所以我们要在痛苦中寻找希望，不轻言放弃，不任意抱怨，不妄自菲薄，时时刻刻给自己快乐的机会。

很多时候，痛苦来源于不自信，来源于我们不能挑战自己。

美国的布鲁金斯学会多年来以培养世界上最杰出的推销员著称于世。该学会有一个传统，那就是每期学员毕业时，会给他们出一道最能体现推销员实战能力的实习题。

在布什当政时期，学会的实习题是：请把一把斧子推销给布什总统。

由于在很多年的时间里无数前辈都无功而返，许多学员都放弃了角逐金靴奖的机会。他们抱怨说，这个任务非常难，因为现任总统根本不需要斧头，即使需要也用不着亲自购买。

直到2001年，一位名叫乔治·赫伯特的推销员的出现，才再次打破了这一推销极限。然而，用乔治·赫伯特自己的话说，他却没花多少工夫。他说："我认为把一把斧子推销给布什总统是完全有可能的，因为总统在得克萨斯州有一个农场，里面有许多树。于是我给他写了一封信，信中说'总统先生，有一次我有幸参观了您的农场，发现里面长着许多大树，有些已经枯死了。我想您一定需要一把斧头。眼下我这里正好有一把非常适合砍伐枯树的斧头，如果您有兴趣的话，请按这封信上的地址给予回复'。后来，他就给我汇来了买斧头的钱。"

生活中很多事情就是如此简单。当接到任务的时候，我们觉得这是不可能的，可是世界上的事情，只要我们肯做没有什么不可能的。更多时候成功就是来自我们的自信，所以去除那些懦弱的情绪让我们继续向前！

一个人生活在世上，要面对的东西有很多，烦恼、朋友、敌人……在对外界事物应对自如的时候，我们往往忽略了一个最重要的对手，那就是自己。于是有了这样一个难题：有人能轻易打败敌人，却不能战胜自己。有的时候我们明明可以成功，但心里总是有一个恶魔在对你说着"不可能"三个字。如果我们都能将"不可能"三个字彻底地从心中删除，那么这个世界上没有任何一件事情是不可能的。

化茧成蝶是一种巨大的痛，飞蛾扑火也是巨大的痛，可是这无疑是生活中最美的风景。生活的苦痛其实也充满了美丽，我们要时时刻刻地试着寻找生活的美丽，才能更好地适应生活，赢得生活！

人生感悟

希望我们在失败的时候，能够抱着"只为成功找理由，不为失败找借口"的态度，能鼓足勇气走出"谷底"，抬头迈步向前跃。有句老话叫"尽人事，听天命"，有勇气去尝试、去努力不见得一定会取得成功，但至少会有点滴的收获。

满载豪情，从容收手

满载豪情地面对人生是一种非凡的勇气，从容地收手是人生最大的智慧。满载激情的人生能够充满精彩，从容收手的人生能够留住精彩。适当的时候我们要敢于豪放，适当的时候我们也要沉稳淡定。

豪情的人生能绽放奇异的光彩，豪情满怀的人生更加有意义。无论什么时候，我们要始终保持积极向上的激情，保持永久的好奇心，对生活始终充满着热情。即使困苦不堪，我们依然如此。对生活充满热情的人中外皆有，他们的生活并不一帆风顺，但是他们能够控制自己的情绪，不让不好的事情影响自己。虽然生活并没有太多地眷顾他们，但他们仍然热情地拥抱生活。

1927年，高士其入芝加哥大学医学研究院攻读细菌学。次年，他在实验时不慎受甲型脑炎病毒感染，留下严重后遗症，后来病情不断加重，造成全身瘫痪。那一年，高士其23岁。

高士其致残后，他仍以超人的毅力，坚持学完了细菌学博士研究生的全部课程。回国后，他工作的重心转到了科普创作上。他的手瘫痪后，笔握不住了，甚至连说话也困难，即使在这种情况下，他仍然坚持创作。他先打好腹稿，然后艰难地发出模糊的喉音"嗯

嗯、喔喔",一个字一个字地口述,由秘书、妻子和护士记录整理。有时为了弄清一个字,往往要反复哼二十几遍,记下一段话,要用半天时间……

1962年,霍金从英国牛津大学毕业到剑桥大学读研究生,也是在"次年",体检时,被确诊患上了"肌萎缩性脊髓索硬化"这一无法治愈的疾病,后来,身体每况愈下,以致全身瘫痪。那一年,霍金才21岁。

霍金致残并瘫痪后,无法用自己的声音表述他的思想,只能借助三个手指操纵按钮输入要说的话,再经由语言合成器发出声音,他的演讲就是采用这样一种常人无法想象的困难方式进行的。平常,霍金看书必须依赖翻书页的机器,读文献时需要请人将每一页都摊在大桌子上,然后驱动轮椅如蚕吃桑叶般地逐页阅读;写作则是以平均一分钟输入十个单词的"慢"速度进行……

最终,他们都取得了令人瞩目的成就。

如果不是对生活充满热情,如果不是对科学充满了热爱,两位科学家怎么会有那么大的毅力一直研究不辍,最终对科学界作出巨大贡献。调整自己的情绪,对生活保持热情,体现在行动中。

生活就是一张白纸,你就是那个手执画笔的人。如果你涂上的是冷色调,那么你的整个人生可能就会冰冷一片。如果你涂上的是暖色调,那么你的人生可能就会陡然间温暖起来。热情地面对生活,你绝不会得到生活的冷眼,你将是一个快乐的精灵。

事物有自己运行的道理,花开花落自有情,四季轮回自有理。任何事情总是多种状态的不断交替。没有谁能保证始终如一,始终如一的东西也会缺少精彩。做人也是一样,不可能总是保持精力旺盛,不可能总是成功,不可能总是春风得意。适当的时候我们要学会调节自己。

　　人生得意须尽欢，但万不可忘了沉稳。悲伤的时候可以哭泣，但是不能一味地悲伤。当运气好的时候我们应该庆幸、应该欢呼，但是你要记住，万事不可得意太早，世界上没有永远的胜利，时时刻刻都要多加小心，万不可得意忘形，其结果就是你将遭遇失败。面对不平衡的时候，能够坦然地面对，是一种境界；在不平衡中能够得到平衡，是一种智慧。保持平衡的心态是最重要的，塞翁失马，焉知非福？当我们面临不公平的时候，不要抱怨，也不要懈怠，要一如既往，经得住考验，要坚信，上天为我们关闭一道门的同时一定还会为我们打开一扇窗！看淡一切名利得失，能看破最好，看破放下得自在！当我们人生处于上升阶段的时候，也千万不要丢失了自我，迷失在那些成功里不能自拔，我们要适当地学会放手，学会从容大度地面对人生中的起起伏伏。学会"不以物喜，不以己悲"，唯有如此，我们才能有平衡和谐的人生。

　　当你累的时候，感觉无法支撑的时候，那么就让自己休息一下，脚步要学会逗留；当你觉得日子没有激情的时候，那么就停下来自己思考，得出结果后再上路；如果你太兴奋了，那么就停下来，沉静地对待眼前的一切；如果你爱得太深了，以至于失去了自我，那么淡淡地退出来，仔细分析你现在的状态，平衡的爱才能让彼此幸福。

　　人生需要寻找一个平衡点，就像是天平一样，任何一端都不能太高或者太低，要不然就会出问题。豪情满怀不见得总是好事，总是如履薄冰也不见得就万无一失。我们要学会该出手时就出手，该收手时也毫不犹豫，唯有如此，才能让我们的人生更加成功。

自知篇——关照自我少纠结，往事如烟勿缠恋

人生感悟

任何事物都有自己的尺度，只有张弛有度才能顺利运转。豪情满怀地热爱，从容淡定地审视。要始终保持身心的平衡，这样才能获得积极健康的人生。

放松自己，人生才会顺心如意

现代社会，对生活的焦虑，对工作的焦虑，对感情的焦虑，始终像山一样压在人的心上，甩不掉，抹不去。其实，人们不知道，有一种简单的方法就可以使自己解脱，那就是放松。也唯有放松，人才会获得别样的人生。

我们的工作充满着紧张、焦虑。从找工作开始，我们就面临着巨大的压力。一方面，我们的选择太少，而与我们竞争的人又是那样多，这使我们感到危机四伏；另一方面，我们对于工作的期许是那样高，以致我们对于原本可以使我们一展宏图的工作不屑一顾，到头来却发现自己原来只是一个普通人，并没有那么多自己以为是的才能。等到我们工作了，我们又要为了奖金、升级而忙碌，以致我们在工作的时候是这样地焦虑，精神也这样地紧张。

我们的生活也同样充满着紧张、焦虑。我们忙着谈恋爱，却往往忘记怎么去恋爱；我们结了婚，却不知道怎样去经营一个家庭。

和朋友见面的时间少了，我们只是面对着手机去回忆从前的友谊。出门的时间也少了，我们有太多的时间坐在电脑前面，将自己带进一个虚拟的世界，代替原来的真实。在这样的生活中，我们的精神得不到休息，我们的物质生活虽然丰富了，但是我们的精神却萎靡了。

当我们为了生活中的一切琐事而焦虑的时候，我们是否在心里对自己说："我这样做是为了什么？我做一切事的目的，难道不是为了自己幸福？而现在的我，幸福吗？"

现代人的物质生活日益发达，但是人的幸福感却日益降低，因为我们不懂得放松。我们放不下的东西太多，使我们永远得不到心的休憩。其实，放下很简单，放松也很简单，许多看似非要不可的东西，其实都是累赘。放下了，你才能轻松前行。

一个苦恼者找到一个和尚倾诉他的心事。他说："我放不下一些事，放不下一些人。"和尚说："没有什么东西是放不下的。"他说："这些事和人我就偏偏放不下。"和尚让他拿着一个茶杯，然后就往里面倒热水，一直倒到水溢出来。苦恼者被烫到马上松开了手。和尚说："这个世界上没有什么事是放不下的，时间到了，你自然就会放下。"

我们也和这个苦恼者一样，心中负载了太多的东西，看似放不开、忘不掉，其实，都是可以放下、可以忘掉的，只是看你愿不愿意。

要放松，其实很简单。只要将自己的欲望去除。只要懂得满足。不要追求太多身外之物，一切都是不长久的，只有自己的幸福是实在的。何必要用自己的幸福拿去换一些金钱、名利？真正的幸

福绝不在这些地方。

　　陶潜的"采菊东篱下，悠然见南山"是一种放松，李太白的"五岳寻仙不辞远，一生好入名山游"是一种放松，苏东坡的"竹杖芒鞋轻胜马，谁怕，一川烟雨任平生"也是一种放松。他们能够这样从容，只是因为他们不去追求一些虚的、不值得的东西。他们只要求自己心灵的充实与满足。

　　现代的社会虽然是快节奏的、繁忙的，但是也并不是不可以放松的。一切只看你如何分配，只要将自己的时间分配得合理，那么即使再繁忙的生活你也能过得优雅而从容。

　　当你去办公室了，不要坐下来就工作，何不拿起喷壶，去窗边浇一下盛开的花朵，向一直陪伴自己工作的花儿问个好？你会发现，小小的放松会让你一天都有好的心情。

　　当晚上回到家，不要马上就去床上一躺，何不去电脑上搜一个自己最喜欢的菜谱，照着上面为自己煮一份丰盛的晚餐？吃自己煮出来的饭，你一定会尝出不同的滋味。

　　当周末来临，不要就在电脑前坐上两天，又或者去嘈杂的市区将自己的时间浪费掉。何不在郊区找一座小山，清晨背上旅行包，去进行一下远足？当站在山顶上，看到你日日所在的城市就在你的脚下，你一定会有不一样的感受。

　　当你累了，不要勉强，不如停下来，关上灯，放上自己最喜欢的音乐，静静地坐着，什么也不想，什么也不做，把自己交给黑夜，交给寂静，让自己的心得到彻底的休息。

　　放松是一种艺术。学会放松，你的生活会变得不那么急匆匆；学会放松，你的心境会变得平和，波澜不惊；学会放松，你在工作的时候会更加自信，更加轻快；学会放松，你与人交往的时候会透出不一样的风采。没有人能够像陀螺一样转个不停，如果你不学会放松，那么你得到的终究会失去。

人生感悟

生活中难免有压力，可是我们有权利选择从容。不要让自己卷入一种压力的恐慌之中。学会放松，我们会得到不一样的自我。宠辱不惊，闲看庭前花开花落；去留无意，漫观天外云卷云舒。放松了，我们的心境也就会如地上落花与天上白云一般澄净。

抛开浮躁，脚踏实地去努力

急于行走的我们，急于完成眼前的种种烦琐的事物，但我们却忘了，生命的价值往往在拒绝浮躁、脚踏实地中体现。若一遇困境，便心浮气躁，怎能成大事？不注重脚踏实地，一味浮躁地想做大做好，只会失败。

俗话说，一口吃不成胖子。拔苗也不能助长。做事情要专注，把一件事做好，才有资格扩张。有时候人们觉得人生短促，世事纷繁，必须活得紧张，什么都做得多，才能证明不是匆匆过客，才有意义。这样的人，尽管整日忙忙碌碌，实际上却很浮躁。浮者，根基不牢也；躁者，耐性不足也。罗马不是一天建成的，万里长城也不是一天垒成的。

浮躁，是肤浅的代名词。浮躁，会叫人朝三暮四，心情像风中野草一般，总是很难平静；浮躁，使人思绪像纷乱马蹄，早晚不得安宁；浮躁，让我们在应该选择的时候无所选择；浮躁，让我们只看到眼前的利益；浮躁，让我们丧失了太多的机遇甚至美好的明天；浮躁，就像一把看不见的锉刀，更如一个温柔的杀手，于不知不觉中消磨人的意志，挫伤人的锐气，动摇人的进取心，减弱人的责任感。

浮躁者，就像面对尚未开花的树就想去摘果实，就像一条鱼还未离开水池就想一跃成龙；浮躁者，刚刚埋下种子，便心急火燎地等着丰收的到来；浮躁者，恨不得一步跨上成功的领奖台接受众人的祝贺，恨不得一笔写出惊世文章好天下扬名。

浮躁者，只想做花不想当叶，更耐不住做根的寂寞；浮躁者，只想当旗不想做旗杆，更不愿意做那拉起旗杆的细绳子；浮躁者，不扫一屋，却想横扫天下；浮躁者，尚未学步，便想天马行空；浮躁者，是潮头的泡沫，幕布上的电影；浮躁者，不学那翱翔蓝天的鹰鹫，也不学那沉默的群峰；浮躁者，就像"墙上芦苇，头重脚轻根底浅；山间竹笋，嘴尖皮厚腹中空"。

每一次成功都需要耐心和毅力，唯有如此才能成大事。

一个人想成功就要有毅力。

越国败在吴国手下，越王去吴国当差，忍受了奇耻大辱。勾践满三年后回自己的国家，他卧薪尝胆，不忘亡国之耻。终于，越王在公元前473年，一举打败了吴国。这个过程他用了20年。

纵观古今，每一个成功者身上都闪耀着"毅力"的光辉。范仲淹从小丧父。尽管这样，他仍旧艰苦读书，不放过任何一个学习的机会，最终成为中国有名的文学家。有人说过："毅力可以攻克世界上任何一座山峰。"而张海迪就是一个有力的证明。她身患高位截瘫，而她在病床上，用镜子反射来看书，最后张海迪以惊人的毅力学会了四国外语，并成功地翻译了 16 本海外著作。和张海迪类似的还有贝多芬，他双耳失聪后，不是一味地怨天尤人，而是坚持他的音乐创作，耳朵聋了也没有失去信念，最终取得了更大的成就。

"大家"也是普通人，在日常生活中，我们也应该拒绝浮躁。大声地呵斥自身浮躁的本性，将其从自己的生活中去除是我们应该做的。

你对自己没有一个正确的估价，你不知道自己需要做什么、能够做什么；你自己不愿努力，却抱怨命运的不公与捉弄；你看不起别人的一点点小成就，而自己却不能静下心来做好一件事；你对别人的成功羡慕得要死、忌妒得要命，而自己眼高手低无从下手，却仍不愿认输——因为浮躁的心态，你没开始其实就已经输定了。

浮躁的人，在学习上不求甚解，坐不住，心不静，想不深，心里像长了草似的；浮躁的人，在工作上眼高手低，不勤奋，不刻苦，不投入，看什么都简单，不屑于认真去做，也不知道如何去做；浮躁的人，做事急功近利，名利当头，哪里露脸就往哪里钻，追求表面文章和短期效应；浮躁的人，做人玩世不恭，无责任感，无使命感，一切无所谓。

孔子说："欲速则不达。"浮躁的人容易大意失荆州。三国是一个英雄辈出的时代，成就了多少人，又败了多少人，马谡则是失败的一个。不得不承认，马谡的才智谋略丝毫不逊色于他的哥哥马良，可是他的性情太浮躁了，一心只想超越他的哥哥，忘记了诸葛亮行军前的告诫，急于功成的他在即将名垂千古时却坠入深渊。多少人因为他的浮躁丧了命，蜀国又因为他的浮躁丧失了多好的战局。他最终因为他自己的浮躁付出了惨痛的代价，留下了千古的一声悲叹。

"九层之台，起于累土；合抱之木，生于毫末；千里之行，始于足下"。"不积细流，无以成江海；不积跬步，无以至千里"。中国人的传统文化讲究"修、齐、治、平"，讲究"见微知著"，讲究"千里之行，始于足下"，讲究"一屋不扫，何以扫天下"，讲究"天下大事，必作于细"，总之一句话，讲究由小看大，一切从细节做起，从小事做起。

一群老鼠开会，讨论怎样对付猫的袭击。一只被认为聪明的老鼠提出，给猫的脖子上挂一个铃铛。这样，猫行走的时候，铃铛就会响，听到铃声的老鼠不就可以及时跑掉了吗？大家都认为这是一个好主意。可是，由谁去给猫挂铃铛？怎样才能挂得上呢？这些细节问题却无从解决。于是，"给猫挂铃铛"就成了鼠辈空话、人类笑谈。

有人认为，大人物都是抓大事的，小人物是抓小事的。由此逻辑而导出了逆向定理：抓大事的才能成为大人物，抓小事的只能成为小人物。所以在我们许多人的心中都存在着一个认知上的误区：重大轻小，舍小追大。

这一认识误区导致的结果是，小事不愿干，大事干不了；小节常失误，大节靠不住。虽然我们仅了解细节，不一定做成大事，但是做大事者，必然了解细节，洞悉微观，制定直奔目标和走向成功的战略，然后从小事做起，一步步成就大事。

当初麦当劳进驻中国前，连续5年跟踪调查，每一件调查都是烦琐小事。细节内容包括中国消费者的经济收入的情况和消费方式的特点，提前四年在中国东北和北京市郊试种马铃薯，根据中国人的身高体形确定了最佳柜台、桌椅的尺寸，还从香港麦当劳空运成品到北京，进行品味试验和分析。在开首家分店时，在北京选了五个地点反复论证、比较。通过一系列小事的积累，最后麦当劳进军中国，一炮打响。这就是细节的魅力。

做大事的人，必然了解细节，从细节中提炼出"真知"。尼克松纵论各国领袖时，评价周恩来说："他虽然亲自照料每一棵树，但能够看到森林。"也正如西汉严遵《道德真经指归》中所说："夫大事之将兴也，犹水之出于山也。始于润湿，见于涟涟，绵绵涓涓，流为溪谷，汩汩汤汤，济舟漂石，以成江海，深大不测。"

人生感悟

我们做事要学聪明一些，学会从大处着眼，从小处着手，不放过任何一个细节。理智地运用自己的时间和精力，从容易的地方开始努力，从小事做起，从自身做起，在量变的积累中实现着质变的飞跃，从容地实现自己的人生梦想。

卸载包袱，放弃完美的标准

完美是一个多么有诱惑力的词。我们每一个人都在追寻完美。而我们疲于奔命、苦苦追寻了一生，到最后才发现，完美永远是一个遥不可及的梦。它始终在我们前面，让我们渴望，却又让我们不能接近；让我们狂喜，又让我们陷入失落。我们追寻完美，却没有回头看一看，我们留下了多少的遗憾。

完美是人类永恒的追求。没有一个人不希望自己的一切都是完美的。年轻时，我们希望我们的外表完美无缺；中年时，我们希望我们的事业完美无缺。直到老境来临，我们才会醒悟到完美是多么具有欺骗性的词。它让我们苦苦追寻，其实它根本就不存在。

在林清玄的《追求完美的老人》中，一位老人在年轻的时候就发誓，要找到一个最完美的女人娶她为妻。他就开始去旅行，60年后，在一个隐蔽的城市里，有人看到了这个老人，有些年轻人问他说："老先生，你在找什么？"他说："我要找一个最完美的女人结婚。"他们说："还没找到吗？"他说："我找了60年了。""难道这60年来您都没有找到最完美的女人吗？"他说："我30岁时曾经找到一个世界上最完美的女人。"年轻人问："您为什么没有结婚呢？"他说："因为那女人说她也在寻找这个世界上最完美的男人！"

许多人都像故事中的老人一样，苦苦追寻自己的最完美的东西。其实到最后就会发现，没有人能够得到真正的完美，那只是一个美丽的谎言。

对于自己严格要求，并不是不对。但是做一切事情都要有个限度，追求完美也是一样。如果一味地追求完美，那么我们只会把我们自己弄得疲惫，无所适从。因为追求完美，我们可能变得自卑而苛责，变成别人眼中难以接近的人。

我们要求自己的一切都完美。其实，每一次对自己提出要求，我们就给自己载上了一个新的包袱。随着时间的流逝，我们的包袱越来越多、越来越重，在未来的路上将自己压弯了腰。

我们要求自己的相貌要完美无缺，所以我们在自己的脸上抹上无数层粉墨。更有甚者，把自己的脸和身体交给手术刀，只为想拥有更加完美的五官和身材。其实，所有的美容都是类型化的，你的五官却是自己的，何必要让一层层的粉墨遮住原本很有特色的脸。因为追求完美，我们变得普通了。

世界上美丽的雕像有很多，但是最最让人觉得美的，反而是那个缺了胳膊的维纳斯。没有了胳膊，她反而变得更神秘、更有魅力。她缺了胳膊，却给了人无数遐想空间。每个人都有权在心里为她安上一双手臂，因此她是属于所有人的。

我们要求自己的性格完美，想让所有的人都喜欢。其实每个人都有优点和缺点。在某种意义上，我们之所以是我们自己而不是其他的人，正因为我们有这些缺点，它是我们的一个标志，昭示着我们的存在。所以我们不必要求自己的性格是完美的。

林黛玉和薛宝钗，一个过于超尘脱俗，一个过于世故老练，都是不完美的。然而谁又能否认她们的活生生的存在。因为不完美，她们才变得真实，变得可亲。因为不完美，她们成为不同人心中永远不倒的女神。

我们要求我们的工作业绩完美。由此我们拼命工作，无暇顾及其他。拉到一个客户之后，我们急着找寻下一个客户，签下一个订单之后，我们急着去签下一个订单。其实生意是永远做不完的，工作就放在那里。让自己疲于奔命，只会使自己疲惫不堪，到头来仍是有一大堆事情没有处理好，徒然使自己难过，对自己怀疑。工作中，你永远不可能使每一个人都满意，因此即使累垮了自己，也有可能得到一个失望的结果。

自知篇

关照自我少纠结，往事如烟勿缠恋

我们从对自己要求完美，又转向对身边的人要求完美。对于恋人，我们严格要求，总希望他能达到更高的水平。其实，我们的恋人也是平凡人中的一个，他们同我们一样，有着这样那样的不足。对于同事，我们严格要求。其实，仔细想想，同事的那种放松的生活方式，可能更是一种科学的生活方式吧，我们为什么要干扰别人的生活，使别人也像我们这么愁眉苦脸呢？我们对于自己的孩子严格要求，其实应该想到我们小时候在十分期待出去玩耍时被逼着坐在钢琴房里有多么痛苦，何必非要孩子成为天才？

　　"人生就像一次旅行，在乎的是沿途的风景以及看风景的心情"。多么富有哲理的一句话。当我们追求完美的脚步时，我们一定会忽略掉路边的美丽风景，但是那些风景却是我们生活中的一部分。试想，我们苦苦奋斗了一生，但是对于自己的人生却没有任何有趣的记忆，那么即使在各个领域都得到了最高的奖章，又有何用？这些奖章和一个有趣的、多姿多彩的人生相比，没有任何意义。

　　所以，不要过于去追求完美。完美也是一种缺陷，因为完美没有缺点。放松自己的心情，放松自己的身体，在有生之年，让自己体会不完美的乐趣。有缺陷的人生也是一种乐趣，当你回忆往事，自己少年时的青涩与傻气带给自己的微笑，总多于自己获得夸奖时的得意。

　　这个世界上没有十全十美的事情，也没有十全十美的人，所以不要一味地追求完美，试着卸下"完美"这个包袱，相信你的人生之路将会更加轻松！

人生感悟

　　完美是一个谎言，而我们的生活是真实的。不要用真实的人生

去追求一个虚假的谎言,即使这个谎言是这么诱人。尽力做好自己的事情,不要先设定一个标准。只要你尽力了,即使结果并不如意,你也会得到心灵的满足。

自知篇

关照自我少纠结,往事如烟勿缠恋

释然篇

——松开手指真智慧,优雅转身影生辉

◇ 第七章　生命大智终归本真,放手写意凡尘美景
◇ 第八章　甩袖笑看云淡风轻,转身忘尽荣辱得失

第七章
生命大智终归本真,放手写意凡尘美景

人生在世几十载,从呱呱坠地,到迟暮晚年。我们的境遇时好时坏,我们应该怎样放下那心中的烦恼,去营造人生中的美景?在那错乱的人生路途中,充满了坎坷,充满了荆棘,更充满了欢快,我们应该怎样让自己的生活充满欢笑呢?我们应该学会放手和舍得,因为放手是智慧,是你人生中明智的取舍,放手让你更加真实、愉快、坦荡。只要用自己的双手亲自编织人生,幸福的人生就属于你。

远离冷漠，在生活中散发热情和爱心

酸甜苦辣的人生，让你很容易陷进各种各样的旋涡。从孩童的跌跌撞撞，到少年的青春焕发，再经历成年的困难挫折，我们应该怎样去面对这短暂的人生呢？怎样让自己在积极的心态中渡过难关呢？只有对生活热情有爱心，懂得珍爱自己的人生，放下你自己心中的那份冷漠，我们的人生中还会缺乏精彩吗？

人的一生苦短，我们要放下，这才是我们所说的生活之精彩在于热情的道理。我们要放下冷漠，冷漠本身就是消极的人生态度，冷漠让我们人生的本质失去了那份灵动。世界上每一个人如果都很冷漠，那我们这个世界还有什么欢笑可言？

忘记一切烦恼的事情，忘记一切杂章乱语，不要执着于把烦恼放在自己的心中，因为那样会使你更加自闭，更加地冷漠。我们要思考一下自己的人生所经历的一些欢快笑声，痛苦的经历让我们记忆犹新，然而幸福欢快的生活让我们更加地甜美，为何我们每天都挣扎在那冷漠的世界呢，为何不让自己的人生更加地精彩？冷漠的人生会使人身心疲惫，让我们的生活蒙上阴影，让自己很累，我们为何不放下自己的那份冷漠，去选择那份自己的精彩热情人生呢？

我们很多人都会有这样的感觉和认识，许多道理经验、人生的哲学、规律和技巧，其实从小都知道，为什么这些事情总是在年龄逐渐增长的时候才会真正地"感悟和理解"呢？许多事情，我们感觉已经懂了、明白了，事实上岁月的洗礼却一而再地告诉我们，那些固执、我们当初那份执着是错的。其实每个人的心中都有一份自己的那份感动和执着，因为我们经历过精彩热情充满爱心的生活，这让我们更加相信，我们所追求的是充满感动、充满热情、充满爱的人生。

人要学会去规避冷漠，呈现自己的热情。生活的每个地方都需要热情，只有热情的人生才让人有种驰骋大地的感觉。复杂多变的人生会使人陷入自我，我们所做的就是寻找真正的自我，只有真的自我才有真正的人生。

在我们习惯的生活中，我们不懂得放下，不舍得放下，总以为自己的人生经历很丰富，不舍得割舍那份属于自己的经历，把自己的经历当作自己的经验。其实，我们应该学会，取其精华，剔除糟粕。该放下的放下，因为放下是一种大智慧的人生态度。如果你不懂得放下，最后你会真的陷入自己的世界而无法自拔。

我们身边涌动着很多的爱心故事，有些人只是为了帮助人，而不去图回报。

有一名16岁的小女孩得了白血病，普通的余姚市民伸出援助之手，在寒冬里演绎了一个感人的爱心故事。

家住农村的蒋其林年近五旬，当过兵，曾在部队荣立二等功。1996年，蒋其林17岁的儿子被诊断为白血病，夫妻俩倾家荡产，也没能救回儿子。第二年，他们领养了一个八岁的女孩小洁，把爱和希望都寄托在小洁身上。

可天有不测风云。已上初二的小洁突然高烧不退，老蒋夫妇带孩子到医院一查，顿时被吓蒙了："白血病！怎么又是这个恶魔？"

医生说，要治好小洁的病，至少要花50万元。夫妇俩为此抱头痛哭。

此事被当地媒体报道后，立即引来滚滚爱心热潮。市慈善总会送来了救助金，保险公司破例办理先期赔付手续，黄家埠镇中学开始募集爱心款。这股暖流很快扩散到余姚城区。据不完全统计，共有二十多家单位的上千人给小洁捐款，累计捐款二十余万元。该市还有三位好心人主动提出愿意捐献骨髓，挽救小洁的生命。爱心还在网上涌动。数十名网友自发组织以"姚城同胞共献爱心，圣诞烟花点燃生命"为主题的义卖活动，在寒风中义卖烟花，有些市民还再次捐款。几天来，网友们为小洁筹措了一万多元现金，并把钱送到了小洁父母手中。

这则故事告诉我们，不要把自己的冷漠带给大家，要用我们的爱去点亮世界，只要世界处处充满爱，我们的生活就处处充满快乐。抱有一份爱心是人性的智慧，因为爱心来自一个人的内心，没有外界的风雨，爱与被爱才是永恒！爱心是一种信仰，用信仰巩固爱心，爱心才更加夯实，每个人才能在被爱之后肩负一份自己的责任和义务。爱心是一份责任和义务的传递，我们的世界因此才会美好。你的身边也许有很多人需要你帮助，把爱心用在行动上，把爱心传递出去，不要让自己的人生那么麻木。

我们的生活、我们的世界应该充满爱，如果我们像这则故事中的主人公一样，不管处于什么样的绝境，只要我们充满爱的力量，希望的曙光就在前方。缺失了爱心的人生是一种遗憾，没有阳光照耀的心灵会失去美好的意义，慢慢会丑陋不堪。人不能在无爱中得到快乐，有爱心才有希望，爱会支撑我们心中的那片天。

挣脱束缚自己快乐的枷锁，枷锁让我们失去真正的自由。学会放下，放下你心中的枷锁，放下你的那份不快乐和冷漠，把自己的那份冷漠压在心中。也许我们会触景生情想到了自己的痛楚，然而那些痛楚都是过去的，为何还要让它影响现在的自己呢？这份痛楚让你更加地不快，让你产生拒人千里之外的情绪，封闭自己。放下吧，放下自己的冷漠，寻找你的激情，别让自己的人生呈现灰色。

你给生活一片蔚蓝的天空，生活就还你一个平坦的大陆。在人生中，我们会面临很多选择，该怎么样地去选择？该放弃的放弃，不要把消极的心态放在自己的心中。这是一种顾全大局的表现，是一种大智。如果因为自己的不舍得放弃，使自己身心疲惫，最后积劳成疾，别在等到起不来时才恍然大悟，原来，还有那么多的包袱，自己没有放下。

"在人生的大风浪中，我们常常学船长的样子，在狂风暴雨之下把笨重的货物扔掉，以减轻船的重量。"巴尔扎克这句话就是告诉我们，把我们身上不该承担的重担放下，让自己更加轻松地去走前方的路。不要把该放下的东西留在自己身上，最后你所承担的不仅仅是那种沉重感，而是整个人生的灰暗。

一位年轻妈妈抱着孩子到了一个店里，孩子闹得厉害，她想给孩子买点喝的。但是，满店都是可乐之类的饮料，不适合孩子喝。她很焦急，不过她终于发现店里有台饮水机，里面的纯净水可以让孩子喝点。于是，她试探地问服务员："你好，能给我一杯水吗？"服务员看她一眼，不耐烦地说："拿杯子吧。"她一愣，赶紧说："对不起，我没有杯子。""那不行。"服务员很简洁地说。"求求你，可以用店里的杯子吗？我给钱的。"她恳求道，"孩子渴得厉害。""杯子不单卖，你买杯饮料吧。"服务员的声音中明显地多了几分不耐烦。"孩子不能喝饮料，就请你给我杯水吧。"她的声音有些颤抖了。这一次，服务员就没有搭理她，而是转过头去，接待下一位顾客……

那一天，年轻的女子带着婴儿到家后，就和邻居聊起了当天的事情。听了她的遭遇，邻居很是气愤："这店太冷漠了，以后不会去那家店了。"

邻居是位老师，学校就在快餐店的旁边。第二天，邻居就和同事们说起了她的经历。大家一听，都说："以后不去那家店里了。"慢慢地，此事在同事之间流传，在学生之间流传，就这样，来这家店里的人少了，最后关门了。

我们的生活需要爱，需要用爱来营造幸福的生活。如果缺少爱，我们身边就会处处充满悲伤、痛苦和无奈。

人生感悟

多一些爱心，少一些冷漠，让自己的生活充满阳光，只有阳光才能有热度。懂得取舍，懂得放弃心中的那份固执，把自己的心敞开，痛苦、酸楚、不愉快，我们通通放弃，让你自己的人生更加地阳光，你的人生有阳光，那属于你的热情还会远吗？

客观地看待生活

当你开始思考人生的意义，人生为什么而活着的时候，也就是你开始成长的时候。怎样看待自己的人生？怎样看待自己的生活？美好的生活需要你去营造，不要被生活不好的一面所影响，不要主观地看待生活，要客观地看待生活。只要努力就会有收获，每天都要积极、都要乐观，为自己的人生画上一道美丽的虹，人生是美丽的！

生命本身就充满了神秘，充满了岁月的积淀。每个时代的人都想看透生命，生命的意义在于什么呢？其实很简单，就是融入到生活当中去，不管艺术还是文艺作品，都脱离不开生活，生活是离我们最近的，也是离我们最远的。小小的一个疑惑可以改变人生的方向，而大的疑惑可以改变一个人的性格。要正确地对待生活，我们的心应当像镜子一样，看见了世界，也看见了自己的本身。

一个正值青春年华的花季少年，在某一天他被查出了不治之症。无边无际的绝望笼罩了他脆弱的心，他觉得生活已经没有任何意义了，拒绝接受治疗。颓废、绝望就是他的真实写照。

在深秋的某一天，他绝望无助地从医院逃了出来，漫无目的地在街上游荡。在拐角处，一阵略带嘶哑的乐曲声引起了他的注意。

释然篇

松开手指真智慧，优雅转身影生辉

拐角处，一位双目失明的老人正弹奏着他那把发亮的旧吉他。还有一点很引人注目，就是盲人的怀中挂着一面镜子！

少年感到很疑惑，好奇地上前，趁老人弹奏完一曲的时候说："对不起，老爷爷，打扰您了，请问这镜子是您的吗？为什么要抱着一面镜子？"

"是的，这两件都是我的宝贝！音乐是世界上最美好的东西，无论何时何地，可以让我感到生活是多么的美好……"

"可这面镜子对您有什么意义呢？"他又问道。

老人微微一笑，说："我希望有一天出现奇迹，我能看到我的脸，因此不管到哪儿，不管发生什么，不管什么时候我都带着它。"

这名少年一下子被震撼了："一个盲人尚且如此热爱生活，而我……"他突然彻悟了，又重新回到医院接受治疗，尽管每次化疗他都会感受到很痛，但从那以后他再也没有逃跑过。

他坚强地忍受痛苦的治疗，终于出现了奇迹，他恢复了健康。他也拥有了人生弥足珍贵的两件宝贝：积极乐观的心态和屹立不倒的信念。

他曾经自暴自弃过，他懦弱过，他逃避过，但是他醒悟了。他正确地对待了生活。无论生活有多困难，我们只要有颗坚强的心，我们的生活就是光明的。对于生活，要客观地理性地去看待。想把握好自己的人生和命运的人，一定要有乐观和坚强的品质，因为乐观和坚强是掌管人生航向的舵手，是把握命运之船的动力桨。

生活对我们来说是一次艰难的航行，我们不知道潮水会不会涨，更不知道风浪的大小。但是我们要前行，达到胜利的彼岸。一个人一旦沉沦在痛苦之中，他就永远没有作为。只有那不断消解痛苦、在痛苦中不断积聚能量的强者，才会使生命更加充实。做生活的强者，不要被挫折所打败。正确地看待生活，生活中的每一个人都是公平的，唯一不公平的就是看你有没有努力！

一个人可以毁灭自己，也可以拯救自己。当你被挫折困难踩在脚下的时候，你是懦弱地低头还是坚强地站起来？不要主观地看生活，不要以为生活在为难你，因为你把生活看得那么复杂、那么苦涩，所以要理性地看待生活，要有计划地去经营生活。在人生这条路上，对自己始终都要有一颗感恩的心，当自己觉得快要迷失方向的时候，一定要记得停下那匆匆的脚步，找个空间让自己反思和醒悟，否则的话，那匆匆的脚步的背后遗留下来的是空洞的脚印和那酸楚的背影。

不是生活每天折磨你，也不是生活每天嘲笑你，而是你的心在嘲笑生活，在抱怨生活。同样的瓶子，你为什么要装毒药呢？同样的心理，你为什么要烦恼呢？快乐的生活只有自己去寻找，你懂得了，你了解了，无论在何处何时都是天堂。坚强地改变自我，不要被生活束缚。快乐，来源于以感激的心情去接受眼前的生活。努力改变自己，一味地抱怨，迷失的就是你自己。

有一少年，名字叫匡衡，爱学习，家中很穷，只能靠上山劈柴挣钱养活自己。在晚上，他才能有一点时间来读书。不过，他买不起蜡烛，天一黑，就无法看书了。他的心里非常着急痛苦。他的邻居家每天晚上用烛光把屋子照得通亮。匡衡想借光读书，就对邻居说："我晚上想读书，想借你家蜡烛一用，可好？"他的邻居恶毒地挖苦说："既然点不起蜡烛，还读什么书呢！"匡衡很气愤，就发誓要读好书。

于是匡衡回到家中，在邻居家的墙壁上偷偷地凿了个小洞，邻居家的烛光就从这洞中透过来了。他借着这微弱的光线，艰苦地读

起书来。

匡衡读完这些书，深感自己所掌握的知识是远远不够的。附近有个大户人家，有很多藏书。某一天，匡衡卷着铺盖出现在大户人家门前。他对那户人家主人说："请您收留我，我给你家干活，我不要报酬，只要让我阅读您家的全部书籍就可以了。"主人被他的精神所感动，答应了他借书的要求。最终，后来他做了汉元帝的丞相，成为西汉时期有名的学者。

成功的人很明白，没有人可以一步登上天，真正让他们出色的是他们一步一个脚印地往前走，不管道路有多么地崎岖。如果生活中的你，有智慧请拿出智慧，没有智慧请拿出汗水。如果你确实有智慧又不愿意流汗，那你只能被生活所抛弃。懒惰的人终难成大事，成大事的人都有一个难得的品质，那就是客观的生活态度。

人生感悟

"梦里清江醉墨香，蕊寒枝瘦凛冰霜"。这是梅的生活一种态度：独自开在寒冬，不怕严寒，不怕寂寞，不管世人的态度，只坚持自己的人生。我们不要被生活的链条锁住，不要伪装所谓的坚强，我们要从内心真正地强大起来。

追求自强独立

海明威说过，一个人并不是生来要被打败的。上天赋予我们生命的同时，也赋予了我们对生命的责任。等到我们走完了自己的一生，我们会发现，真正成就我们的只有自己。我们只能够自己去实现自己的梦想。

人生中不如意的事情总是很多。无论如何幸运的人，总会有他自己的烦恼。每个人的不同点不在于他们遇到的挫折有何不同，而在于他们对待挫折的态度的差异。有的人遇到挫折只会怨天尤人，抱怨命运的不公；有的人却会积极找出原因，尽自己最大的努力去弥补创伤，奋勇前行。

不要去抱怨命运的不公，命运对每一个人都是公平的。脆弱的人屈服于命运的安排，只有自立自强的人才会在黑夜中找到光明，从绝境中找到出路，从失望中唤起勇气。太史公司马迁，壮年遭遇宫刑，受到极大的耻辱。但是他没有让痛苦压垮，而是超越痛苦，"究天人之际，穷古今之变，成一家之言"，最终写出鸿篇巨制《史记》。大文学家苏轼一生受贬谪无数，最后被送往南夷蛮荒之地，但是他始终没有对人生放弃希望。在每一任上，他都做出了不俗的成绩。即便生活给了他重压，他依然能够高唱"一点浩然气，千里快哉风"。

我们普通人或许没有伟人的意志与抱负，但是我们应该对自己负责。我们应该知道，依附于别人的人，永远不可能获得真正的独

释然篇

松开手指真智慧，优雅转身影生辉

立。如今的社会，是一个竞争力巨大的社会，在这个社会里，想要生存，想要有所发展，那么只能靠我们自己。

一个懒汉整日无所事事，什么都不去自己做，连饭菜都要母亲为他做好端过来才会吃。后来母亲要出门，怕他饿死在家，临走的时候给他烙了一张大饼，挂在他的脖子上。可是，等母亲回来，他还是饿死了。因为他只吃了在他嘴正下方的那一小部分，而没有去动其他的部分。

这个故事被传诵了很多年。故事中的懒汉就是那些只靠别人、不靠自己的人的写照。我们每个人都应该用这个故事来认真比照一下自己，难道我们没有过这种行为吗？

自强独立的精神是中华民族优良的传统美德。我们祖先历来强调，凡是有志气、有道德、有能力的人，必定是自强不息的人。只有自强不息，独立自主，不管前方有什么我们依然能屹立不倒。放下心中的那点懦弱，抬起你的胸膛，因为在无数优秀炎黄子孙的人生轨道中，都坚持着矢志不渝、刻苦勤奋、拼搏向上、自强独立的精神品质。我们祖先历来告诫年轻人"少壮不努力，老大徒伤悲"；即便是老年人，他们依然有"老骥伏枥，志在千里"和"不须扬鞭自奋蹄"的自强精神。

武侠中的大侠和英雄，哪一个不是历经磨难，耐得住寂寞独自闭关，最后练就一身绝世武功？人生的道路不可能像涅瓦大道那样笔直平坦，它总是坎坷不平，充满艰辛，即便是在最顺利的情况下，个人的成长也常会发生各种意想不到的波折。在这份舍与得中，我们要像武侠中的大侠和英雄一样。

美好的生活，五光十色，绚丽多彩。生活独立的青年，他们希望投入到激情的生活中，这是青年人的特点所决定的。然而，只有正确理解生活，才能生活得更好。什么是生活呢？有各种不同的回答。有人说，生活就是金钱加美酒，今朝有酒今朝醉；有人说，生活就是为自己营造一个温暖舒适的安乐窝；有人说，生活就是随波逐流，逢场作戏，任凭命运的波涛把自己送往死亡的归宿。歌德说过："谁要是游戏人生，他就一事无成。谁不能主宰自己，就永远是一个奴隶。"这样的人只能任由命运主宰，自己从来没有把握过命运，只有自己独自自强我们才能成为生活的主人。

坎坷的生活造就不凡的人生，更造就了独立自主的特性。生活是物质、精神、创造三者结合的统一体，但是要在这三方面获得成功，艰苦奋斗就是人生旅途中的应有因子。如果说，幼芽出土要顶住泥土的压力，雏鸡问世要冲破坚硬的蛋壳，自然界的一切生物要在大千世界中占有一席之地，就不可避免地要经过一番激烈的竞争、角逐，那么，人生在世就更是如此。只有真正的独立者才能驰骋于天地。

其实，很多人并不缺乏自立自强的力量，而是缺乏一种尝试的勇气。当没有运用自己的力量的时候，你永远不知道自己的力量有多么庞大。只有自己去做了、去尝试了，你才会真正感觉到这种力量。

美国的一所小学为了扩大锻炼器材，就让学生去每家每户卖馅饼，然后把他们挣来的钱用来买体育器材。其中有一个中国学生，他可从来没有去卖过东西，又是害怕自己说不清，又是害怕客户不配合，再加上父母的劝阻，使他几乎要放弃。但后来这名学生还是下定决心自己去闯一闯。他忧心忡忡地来到一户人家门前，轻轻敲了敲门。门开了，出现了一个黄头发、蓝眼睛的叔叔，他和蔼可亲地用英文说:"你好啊,请问有什么事吗?需要我帮忙吗?"于是,这名中国学生就像背书一样把事情的来龙去脉讲了一遍。令他没有想到的是,这位叔叔居然一下就相信了这个中国孩子的话,答应了这个学生的要求,还先把钱付了。随后,这名学生就有了胆量,又和好几家做了买卖,没想到都成功了。

自立自强,是一个人成熟的标志。泰戈尔说:"只有经历过流血的手指才能弹出世间的绝唱。"要想变得成熟稳健,就要经过一段艰苦的磨炼,把自己的意志磨炼得如钢铁般坚硬,让自己能够勇于担当自己的责任。

我们要用奋斗奏响生活的琴弦,去谱写自己的人生。人生不需要虚化的外表,更不需要粉饰,我们真正需要的是坚强不息、独立自强的精神。自强不息,独自自强,认定了正确的方向,就执着、百折不挠地勇往直前,不到生命的尽头,就不停止辛勤的耕耘。

有些人,他们无所作为,墨守成规,安于现状,不思进取。他们图享受而求安逸,慕虚荣而尚清闲,顺利时得意忘形,遇逆境垂头丧气,在挫折面前畏缩不前,在成就面前踌躇满志。他们很少想到要去正视困难,战胜困难,更不懂得困难中孕育着胜利和成功的希望。他们既无吃苦的准备,又无奋斗的热情,他们的斗志已经磨灭,精神上的发展已经进入暮年的困境。这样的精神,不仅是他们的精神渐渐地被蚕食,他们的身躯也在慢慢地老去。当一个人拖着一个无灵魂的身躯行走时,他的人生已经毫无意义。

一个自立自强的人,才会赢得别人的信任,才会担当更多的责任。在工作中,自立自强的人更容易得到老板的青睐,因为他们有更强的责任感和办事能力,使人感到放心,使人能够放手把事情交给他们去做。在生活中,一个自立自强的人也更受别人的欢迎。没有人喜欢一个喜欢依赖、不能自主的人，这样的人只是给别人带来麻烦，连累其他人。而一个自立自强的人却更有能力去帮助别人，去给别人更多关爱。

人生感悟

自立自强是一个人最重要的品格，是为人的根本。人生最可悲莫过于依附别人，人生最幸运莫过于可以使用自己的双手。人应该存活在拼搏中，应该使自己有限的生命获得更多的价值。

努力去改变自我，寻求生活中的美景

认识别人很容易，认识自己却很难。我们每个人都能够看到别人的不足，却看不到自己的缺点。每个人都建议别人进行改变，却想不到改变自己。当被别人指责时，我们总以"江山易改，本性难移"为借口。还有的时候，环境违背了我们的意志，我们就选择怨天尤人。其实，我们一次次放弃了改变自己的机会，错过了生活中另一番美景。

生活不会总是按照某一个人的意志去发展。在很多的时候，不是环境去迁就自己，而是自己去适应环境。我们不可以左右天气，但我们可以改变心情；我们不可以控制他人，但是我们可以掌握自己。愚蠢的人抱怨生活，聪明的人改变自己。

"物竞天择，适者生存"是大自然的天然法则。在自然中，我们处处可以看到改变自己，适应自然，以求得自身物种生存的例子。许多动物植物虽然不懂得改变自己的道理，却在不自觉中改变自己，尽力求得生存。因为要适应环境，仙人掌将叶子变成刺状，尽量减少水分蒸发，在荒漠中巍然屹立；因为要保护自己，枯叶蝶可以使自己变得形如一片枯叶，静静伏在树干上，躲避外敌的入侵；因为要减少阻力，鱼的身子慢慢演变成梭形，使自己得以在水中自由自在地遨游。因为要保持体温，青蛙和蛇选择冬眠，用一冬的休息来换取整个一年的生机。

大自然虽然不能说话，却告诉了我们一个深刻的道理，那就是，如果想要生存，就要学会改变自我。

我们每个人都不可能一帆风顺，当生活给我们考验的时候，我们是选择一成不变，还是改变自己，顺应环境？事实告诉我们，墨守成规、一成不变的人，终究会被生活所抛弃，而那些懂得去改变、去适应的人，才能够紧跟时代步伐，在生活中找到一个落脚点，在社会中找到自己的位置。

改变自我，说起来很容易，但其实做起来很难。我们都想要寻求别人的改变，但是一到改变自己，却总是一筹莫展。因为人都有一种惰性，都有一种得过且过的心态。所以，能够主动改变自己的人，往往是人群中的佼佼者，是每个行业中的翘楚。也唯有能够改变，他们才能在人群中凸显，做人中龙凤。

改变自己，首先要认清自己。相传刻在德尔斐的阿波罗神庙的三句箴言之一就是"认识你自己"，可见认识自己之重要。谦虚是一种美德，是因为太少的人能够真正做到谦虚。越是平庸的人，越是觉得自己不平凡，就像越是空虚的麦穗就越要高昂着头。其实，每个人都有缺点，没有人是完美的。如果想要改变自己，那么就要深刻地剖析自己，认识到自己的缺点，只有找到病症，才能对症下药。

改变自己，还要克服一种惰性。惰性是一把无形的利器，它在无形中消磨掉人的意志，腐蚀掉人的精神。使人虽然心里想着改变，却总是难以付诸实践。我们总是给自己放假，将改变留给明天。殊不知明天永远不会到来，我们拥有的只是今天。如果放任自己，那么我们就是惰性的牺牲品，下场之可悲，可想而知。

温水煮青蛙的例子我们都是熟知的。将青蛙投入已经煮沸的开水中时，青蛙因受不了突然而来的高温刺激，立即奋力从开水中跳出来得以成功逃生。当人们把青蛙先放入装着冷水的容器中，然后再加热，结果就不一样了。青蛙反倒因为开始时水温的舒适而在水中悠然自得，直至发现无法忍受高温时，已经心有余而力不足了。

许多人对于这个故事都持一种质疑的态度。但是我们不妨将它当作一则寓言，它包含的道理是无比深刻的。如果我们不及时改变自己，那么等到我们想改变的时候，却会发现我们已经像故事中的青蛙一样力不从心。所以，如果想改变自己，那么就从眼下做起，从今天做起，从此刻做起。付诸行动了，人才能真正改变。

克服惰性，坚强自己的意志，磨炼自己的精神，积极地做出改变。只有改变了，你才会感受"山重水复疑无路，柳暗花明又一村"的另类风景。

人生感悟

环境是不会随人的意志而改变的。我们要做的就是改变自己。

如果要生存，你需要改变；如果要成功，你需要改变；如果要获得一份真正有意义的人生，你需要改变。等待不属于成功的人，只有努力改变，才能在绝路中寻找出路，在绝望中寻找光明，在人生中寻找那从未企及的美景。

不吹毛求疵，容忍别人的缺点

　　我们都是社会中的一员。只要我们还在生活，我们就要和别人打交道。每个人都不是完美的，人人都有自己的缺点。有些时候，我们必须去容忍别人的缺点。只有互相包容，我们才能够获得真正的友谊。

　　最伟大的人也有自己不为人知的一面，世界上不存在没有缺点的人。不会去包容别人的人，他自己也不能够得到包容。只有互相容忍和包容，我们才能够和平相处，过一份和谐而安宁的生活。

　　我们要容忍同事的缺点。在我们的一生中，同事和我们相处的时间甚至超过我们的家人。和同事相处是一门复杂的学问，有很多时候，我们不得不和自己不喜欢的同事一起合作。这个时候，容忍就显得格外重要。我们应该包容那些无关紧要的缺点，一切以大局为重。这一次的合作可能就是一次工作上的转折，我们不能够因为一点小摩擦就放弃合作，因为这可能就是你前途的终结。一个不能够和别人合作的人，必然也得不到老板的青睐。在这个信息化日益发展的时代，人与人的交流越来越频繁，每一项工作都不可能由一个人单独完成，所以我们应该懂得在工作中包容别人、容忍别人。

我们应该懂得包容自己的爱人。真正地爱一个人，就不只是爱他的优点，也要爱他的缺点。我们不能够要求我们的爱人完美，因为我们也做不到这一点。爱情是一种包容。只有学会包容的艺术，你才会将自己的爱情经营下去。缺乏包容，爱情一定不能够长久。一个聪明的人不会只想着去改变另一半。当看到爱人的缺点时，聪明的人会"装傻"，只有愚蠢的人才会去计较。

我们应该包容我们的朋友。朋友是我们人生路上重要的伴侣，是我们生命的一部分。没有人可以孤独地走完一生，在每个人心中，总有那么一两个人是你永远忘不掉、永远记挂的。对待朋友，我们需要包容。当我们想要对朋友发作的时候，我们应该想到，我们自己有一些缺点、错误的时候，朋友们不是指责而是帮助，不是批评而是容忍。既然朋友们能够容忍我们的缺点、任性，我们为什么就一定要去吹毛求疵，找寻朋友的错误呢？如果想拥有朋友，那么就不要去计较太多。

我们应该包容我们的家人。家人或许是我们在这个世上最熟悉、最亲近的人。即使一切都不存在了，至少那种血脉联系还在。家是一个人避风的港湾。当世界都在向你投出匕首的时候，家人却是你永远的支撑。因此，我们应该珍惜这份亲情。在很多时候，我们可以包容其他人，唯独对自己的家人吹毛求疵，大发脾气，那是因为我们知道家人一定会对我们容忍。那么，我们为什么不去容忍自己的家人呢？父母也都是平常人，我们应该接受他们的缺点，并进一步爱上他们的缺点。

容忍别人的缺点，是一种智慧，是一种涵养。不懂得容忍别人的人，不管自己多么完美，也不会得到别人的喜爱。到头来，他只能成为孤家寡人，孤独终老。

有这样一位男士，无论仪表、举止言谈、家庭条件还是工作事业，在女士心目中都是非常优秀的，甚至可以说是非常可亲可爱的。可是，在婚姻问题上，他从来就没有成功过。第一位妻子，因为懒惰被他"逐"出家门；第二位妻子，因为贪图小便宜，也被他"逐"出家门；第三位妻子，因为奢侈和游乐又被他"逐"出了家门。好心朋友为他做媒，第四位女士却说："这人有病。"连他家的"门"也不进了。

　　这个男士之所以不能够遇到合适的伴侣，正是因为他的挑剔，使别人最终也忍受不了，只好离开他。

　　我们每个人都不能脱离别人而存在，那么，与其与别人为敌，为何不去试着包容别人，给别人一点关爱，也给我们自己多一个朋友，少一个敌人呢？

　　有这样一位年轻人毕业分到县城一所高中当老师。他有位嗜酒如命的朋友，有酒必喝，酒后必醉，醉后因为失控，常常闹得人家整夜难安。因为这个缺点，很多以前的朋友每遇之如见蛇蝎，唯恐躲之不及。而只有这位老师，每次都能奉陪到底，并且尽力限制他酒后一切不合理的行为，还能把他安全送回家中。在这位老师的朋友中，还有个人性格极其暴躁，语言极其刁钻刻薄。常常在朋友相聚时，不知谁一句不经意的话，就会惹他大发雷霆，甚至推翻桌子摔碎茶杯；或者突然说出几句刁钻刻薄的语言，让某人丢尽颜面，无地自容。后来，很多朋友也都对他"敬而远之"。只有这位老师还依然同他保持着良好的友谊。有些人对他很不理解，背后也常有微责之词，甚至有人说："能和那种人是好朋友，你身上也一定有那种人的个性因素。"但不管别人怎样理解，他总是说："我们每个人都有自己的个性，每个人身上都有别人不喜欢的东西。但我们能成为朋友，那是因为我们身上都有我们各自喜欢的东西。何不多一点宽容，宽容我们所不喜欢的，珍惜我们喜欢的……"

这个人的大度，是值得我们衷心佩服、认真学习的。因为他懂得宽容别人，因而也会得到别人的宽容。

包容别人就是帮助自己。容忍别人的缺点，我们的路才会越走越宽广。人生最大的美德是宽容。没有一个人是完美的，我们都需要学会去包容别人。当包容了别人，我们也给自己拓宽了发展的道路。做一个智者，去试着包容别人，你会发现人与人之间更美好的东西。

多点宽容，多点快乐，多点包容，多点阳光。如果人人都有痛苦，都有伤疤，旧痕新伤难愈合。忘记昨日是非，忘记亲人曾经的过错，忘记别人先前对自己的指责和谩骂，我们就会知道时间是良好的止痛剂。放眼明日，来日方长，只有学会忘却，生活才有阳光，才有快乐。不要活在过去，展望未来，给生活一点阳光，它会还你一块温暖的大地。

人生感悟

有位大师曾说过："量大好做事，树大好遮阴。人之谤我也，与其能辩，不如能容。人之侮我也，与其能防，不如能化。"宽容需要一种非凡的气度、宽广的胸怀，是对人、对事的包容和接纳；宽容是一种高贵的品质，是精神的成熟、心灵的丰盈；是一种仁爱的光芒、无上的福分，是对别人的释怀，也是对自己的善待；是一种生存的智慧、生活的艺术，是看透了社会人生以后所获得的那份从容、自信和超然。懂得宽容，是人生的一种美丽，是人生的一种智慧。

不要试图取悦周围所有的人

人生在世，不要活得太累，更不要为别人而活，坚持自己的性格，"走自己的路，让别人说去吧"。当你时时刻刻在乎别人的感受时，你的生活还是你自己的生活吗？当生活圈笼罩别人的影子时，你的内心就处处充满着迷茫挣扎。不要取悦你身边的人，那样你会迷失自我。坚持自己的独立性，你是真实存在的。并不是你取悦周围的人你的生活就会好，那样的你会很累。

每个人都有自己的圈子，在我们周围，能关心自己的只有自己身边最亲近的人。我们无须在意别人怎么说自己，只要把自己的事情做好；无须看别人的眼神，只需走自己的路；无须有过多抱怨，那样会活得更累。不必一味讨好别人，不管走在何处，都不要迷失自己。如果你讨厌我，我一点也不介意，我活着不是为了取悦你，我是为自己而活。

我是我，你是你。生活不是给别人看的，而是为自己活的。你对别人所要做的只是真诚和用心，自己就能享受朋友之间的热情和亲人之间的亲情，享受生活，笑谈人生，何必要去在乎别人的评价？你做的是你自己，试着放开自己，你会觉得周围都很美好！

在大草原上有一群羚羊在举办竞赛，竞赛规则是：谁先穿越草原，谁就赢得胜利。周围有一大群围观的动物在看热闹。

竞赛开始了，只听到围观者一片嘘声："这也太难了！它们根本就无法穿越，无法达到目的，这不是自讨苦吃吗？"

羚羊们开始泄气了，可是还有一些羚羊在奋力摸索着向前奔去。

围观的动物继续喊着："太辛苦了！你们不可能穿越草原的！"

许多羚羊被说服停下来了，但有几只羚羊一如既往地继续向前，并且更加努力地向前。

比赛结束，大多数羚羊都半途而废，只有一只羚羊，以令人不解的毅力一直坚持下来，竭尽全力达到了终点。

这只羚羊用最直接的方式告诉大家：我自己的路和人生是给自己看的，自己的生活不是给周围的人看的，坚持自己的路，不要在乎别人那嘲讽的眼光。生活中，我们每个人也许每天都在受周围的人和周围的事情的影响，他们不停地有意无意地告诉我们：什么是对的，什么是错的，谁又怎么怎么了，这样的事情太多了。逐渐地，我们自己的思想被他们的看法所左右；逐渐地我们越来越不相信自己。相信他人的言语，自己对于事情的思考中总刻有他人的影子，逐渐地我们越来越依赖他人的言语，在意他人的言语，越来越想得到大家的肯定。所以我们也想取悦周围的人，似乎只有这样，我们内心才不孤独。我们为何那么在意别人怎么说自己，我们为何不坚强地做自己，不用去取悦别人。

我们何必去取悦每个人呢？人是不可能处处皆优点的，更不是每个人都是圣贤。无论你做得多好,也无法达到每个人的要求,无法不让别人评价。世间人有很多,世间的事也有万千,有些不是你所能做到的。你想取悦每个人,是一种徒劳的努力,最后等你恍然大悟时,才发现你这一辈子不是为自己而活,而是为别人活着。

人生在世,我们应该活得快乐,我们不应该因取悦每个人而迷失真正的自我和自己的幸福。不要牺牲自我来取悦他人,这是这天底下最愚蠢的事。为你人生"埋单"的只能是你自己。何必太在意他人的看法,让他人来左右你自己的人生呢?大家都对贝多芬多少有所了解,他在学拉小提琴时,技术并不高明,他宁可拉自己的曲子也不拉经别人的技巧改造后的东西。别人嘲笑他,但是他没有改变自我,他始终坚持自我,不在乎别人的眼光,不奉承大家,更不取悦大家。如果他不坚持自己的路,在乎别人的态度,如果他在乎别人的评价,去讨好取悦他人,他还是真正的他吗,还会创作出经典的曲子吗?

契诃夫说过:"有大狗,也有小狗,小狗不会因为有大狗的存在而心慌意乱。所有的狗都应该叫,就让它们各自用自己的声音叫好了。"不管是谁的叫声,都要大声地叫出来,只有叫出来自己独特的声音,才能体现自我的价值。不管自己的想法怎么样,都要坚持自己的感觉,坚持自己的性格,不管自己怎么样都要努力地走下去。不过多地在乎别人的看法,难道这不是我们所需要的吗?真正成功的人生,不在于成就的大小,而在于你是否努力地去实现自我,是否坚持自我,在乎的是自我努力的过程。喊出自己的声音,走出属于自己的路,也许路上有荆棘,也许路上有嘲讽者,我们统统抛到脑后,走出自己的特色。

没有了自我的价值体现,人就如行尸走肉啊!上帝创出人类,就是让芸芸众生在这个世界中独立生存,如果连最基本的生活方式都无法做到自我独立，整天活在别人的感受中，你还是你自己吗？

人生的目标在于走出属于自己的路，而不是效仿别人，在别人的后面去跟随。我们有权利去追求自己的幸福、自己的爱情、自己的友谊，不能因为别人的看法而放弃自己对幸福的追求，不要为了取悦别人而放弃属于你的那份幸福。

人生感悟

无论我们能拥有多少，还是丧失了多少，我们都应该感激生活。生活给了我们美好、温暖和快乐，给了我们真正的自我。在生活中，注重自身的修养，不要计较别人的看法。生活有艰难困苦，更有酸甜苦辣，只有把自我的生活活出精彩，不理会世俗的纷扰和看法，更不去奉承人，我们的生活才会更加坦然和淡定。

释然篇
——松开手指真智慧，优雅转身影生辉

第八章
甩袖笑看云淡风轻,转身忘尽荣辱得失

人生没有绝对的公平,但却是相对公平的。在一个天平上,你得到的越多,也必须比别人承受得更多。所以得到的越多,付出的就越多,身上的负担和压力也就越大。坏事总是不断发生,可还是有很多办法来解决困难,或者忘记烦恼。永远要懂得释放压力,减轻包袱,看云淡风轻,让所有的荣辱得失都成为转身后的过眼云烟,只要自己开心、内心丰富就好。

积极地看待人生

德国的一位哲学家尼采说过:"受苦的人没有悲观的权利。"我们要保持积极的心态。这句话里透着一种坚强的心态,更是一种积极的心态,能让人在逆境中获得能量,在困难的时候勇往直前。人生必然会遇到这样那样的问题,无论这些问题是现实的还是心理的,我们都必须去解决。爱迪生说过:"失败也是我需要的,它和成功对我一样有价值。"真正的悲观是找不到任何值得追求的东西。

我们还很年轻,有什么能让你伤心的事呢?我可以告诉你:"你能输得起!"大不了我们从头再来,我们有的是精力和智慧,我们是做给自己欣赏的,让别人去议论吧!丧失信心就是最大的过错,难道你能在消极的人生中成功?诗人徐志摩在《迎上前去》里说:"我觉着异常懊丧的时候无意中翻着尼采的一句话,这几个字却含有无穷的意义与强悍的力量,正如天上星斗的纵横与山川的经纬,在无声中暗示你人生的奥义,祛除你的迷惘,照亮你的思路。他说,受苦的人没有悲观的权利,我那时感受一种异样的惊心,一种异样的彻悟。"我们需要积极向上的态度去感悟人生,不要消极,更不要悲观。

无论人生遭际怎样的境遇和困难,始终保持不温不火、不卑不亢、不躁不急的中庸姿态,去对待人,去处世谋生,那我们就能永远立于不败之地。当你认识到你自己的积极心态的那一刻，也就是你将遇到最重要的人的那一刻，而这个世界上最重要的人就你自己！你的这种精神、这种心理，就是你的法宝、你的力量。只有积极的力量让我们前进，前进的路上也许有压抑、有消极心理，但是这都不是阻挡我们前行的原因。消极的东西俯拾即是，它一直影响着我们的理想进程，但我们应该承认，积极的心态才是正确的心态。

每天上班前，面对阳光，大声喊道"我相信自己"，每天洋溢着自信。正如美国一位学者所说，具有积极心态的人，总是怀着较高的目标，并不断地奋斗，以达到自己的目标。不管是大事还是小事，都要去认真对待，如果忽视或轻视，那还不如不去做。既然每天都要去生活，我们为什么不阳光点？消极的心态既浪费了时间又浪费了精力，所以只要是认定了的事情，不论大小都要付出全部的精力去对待，这样才能从中得到更大的收获。

无论遇到什么不如意的事情，我们都要控制自己，都要调节好自己的心情，控制好情绪，以饱满热情的状态投入工作，自己做自己的主人，不要做阴暗的奴隶。

有一句格言说："当上帝为你关上一扇门时，他必定为你开启另一扇窗。"当你放下自己消极的心态，重新安装上积极的心态，你阴暗的那一扇窗就会关上。

一天，几个白人小孩在公园里玩耍。这时，一位卖氢气球的老人推着货车进了公园。白人小孩一窝蜂地跑了上去，每人买了一个气球，兴高采烈地追逐着放飞的气球跑开了。白人小孩的身影消失后，一个黑人小孩怯生生地走到老人的货车旁，用略带恳求的语气问道："您能卖给我一个气球吗？"

"当然可以,"老人慈祥地打量了他一下,温和地说,"你想要什么颜色的?"他鼓起勇气说:"我要一个黑色的。"脸上写满沧桑的老人惊诧地看了看这个黑人小孩,随即递给他一个黑色的气球。他开心地接过气球,小手一松,气球在微风中冉冉升起。

老人一边看着上升的气球,一边用手轻轻地拍了拍他的后脑勺,说:"记住,气球能不能升起,不是因为它的颜色,而是因为气球内充满了氢气。"

我们不应该以出身来看人,每个人都是平等的,成就与出身无关,我们只要有自信,我们就能创造世界。没有人能打败我们,只有自己打败自己。海明威说过:"人可以被毁灭,不可以被击败。"是的,人可以被毁灭,但是不能被打败。

在我们的工作中、家庭生活中,你用什么样的心态去对待,生活就用什么样的脸色对待你:你笑,它也笑;你伤心,它也会甩脸色。人与人之间并没有多大的区别。但为什么有的人能赚很多钱,拥有不错的工作,拥有良好的人际关系、健康的身体,整天快快乐乐地享受着高品质的人生,过着高质量的生活,而有些人却整天消沉低迷?心理学家发现,这个秘密就是"心态"。一位哲人说:"你的心态就是你真正的主人。你要做生活真正的主人。"

很多人都在抱怨生活的不如意,但当你抱怨的时候,别人也在羡慕你。每天我们应该坚持提升自己,改变自己,去掉缺点,吸取优点。

我们用不同的眼光看世界,世界呈现给我们的景色也就不一样。不同的人从窗子里往外看,一个人看到地上的泥土,一个人看到天上的星星。积极的心态会促使你从问题里找机会,消极的心态会让你从机会中找问题。事物永远是对立的两面,积极的心态看到的永远是事物好的一面，而消极的心态只看到不好的一面。积极的心态能把坏的事情变好，消极的心态会把好的事情变坏。如果你用一种消极的心态去面对一切，那你将要落后于同起跑的人。积极的心态像太阳，照到哪里哪里亮，消极的心态内心充满黑暗。前方不是没有希望，是因为你总低着头；不是没有绿洲，是因为你心中有的只是一片沙漠。

是啊！生活中有很多烦恼的事，"人有悲欢离合，月有阴晴圆缺"，这其中的"悲欢"简单来说就是我们的心态。我们所做的就是不能让自己成为情绪的奴隶，不能让那些消极的心境左右我们的生活。

人生感悟

我们处在一个竞争日益激烈的时代，使得人们的心灵也日益浮躁。想让自己看上去幸福一些、快乐一些，最好想办法放大自己的快乐，让快乐每天留在自己的身上，每天充满自信地去生活、去工作。每天笑一笑，你的烦恼全部都会被吓跑。人活于世，活的就是一种态度，不要烦恼只要快乐。

笑对人生，不要被挫折击倒

　　人是哭着来到世间的，但我们应该笑着生活。人生的道路曲折漫长，当挫折来临的时候我们应该怎样面对呢？谈笑风生，永不放弃。在人的一生中充满着成功与失败、顺境与逆境、幸福与不幸等矛盾。而人生挫折则是一个人迈向成功的征途中所必须认真对待的一个基本课题。只有仔细回味人生挫折，才能真正领会感悟人生的乐趣；也只有在战胜了人生挫折以后，才能真正走向成功。

　　生活中的我们是什么样的呢？在我们身边总有一些人整天忧郁满面、整天抱怨，一副垂头丧气的样子；而另有一些人整日春风满面、神清气爽、无忧无虑，拥有精神倍爽的表情。

　　人生在世几十载，为事业、为工作、为家庭，一生劳累、一生奔波，谁的一生会总是轻松闲适？谁的一生又会总是称心如意呢？人生有如长途远行，一路上既有鲜花相伴，更有荆棘拦路，挫折充满了我们的路途。我们能否披荆斩棘，是否面对挫折时淡淡一笑，这才是最重要的。鲜花沁人心脾，令人心旷神怡固然好，但披荆斩棘，历经艰难，闯出一条宽广的大道，我们的人生难道还会缺少笑声？

　　人生活着就是为了一个心态，一些老人不就是盼着健康舒适的生活吗？心态好，凡事看开些，事事往好处想，快乐就永相伴；心态不好，事事计较，患得患失，纵使好运连连也会过得痛苦不堪。

世事没有你想象的那么好，我们的旅行中不仅充满着大浪还处处充满着你意想不到的挫折，但是也没有你想象的那么糟。"塞翁失马，焉知非福"。人生在世有很多偶然性和不确定性，人生际遇我们无法选择也无法控制，但生活方式可以自己把握，把自己的生活掌握在自己的手中。我们应树立积极的人生观念、正确的人生观，保持乐观的生活态度，笑对人生，凡事尽力而为，也许结局不是好的。对生活追求而不苛求，对人生寄予希望而不奢望。"不以物喜，不以己悲"，顺意时得意而不忘形，失意时淡定而不沉沦。

我们的生活中充满着很多情绪，希望与失望、爱与恨在心中辗转千百回，我们才学会淡笑一切，不把挫折放在眼里，谈笑风生地去面对困难。苦涩的味道就在梦中细细品尝吧。伏契克说过："应该笑着去面对人生，不管一切如何。"在微笑中漫谈人生，我们应有与皓月为友、与星光作伴的心态！

有人说："人生不是梦。若是梦，就怕梦醒了，人老了。人的不幸有千万种，而幸福的人只有一种，心境禅定，爱心无染的人。"心态决定生活的态度。生命不可能永远停留在一种状态之中，不论你是否处在快乐和痛苦中。

人的生命就如同是一条湍急的河，在这条湍急的河流中，我们也许会有刮伤瘀伤。但是我们能否掌握住自己的小船，能否渡过这条充满暗礁的河流？当我们坚持在河流中行驶时，以一种淡然的态度面对时，渐渐地，河道变宽了，水流变平稳了，最后，河水汇入了大海，回首相望，身后便是一望无际的辽阔的大海。

作为美国的开国功臣，历史上最受欢迎的总统之一，林肯在他的一生中经历过许许多多的失败，挫折处处充满了他的人生，但是他没有放弃，最终凭着他的坚持不懈的努力成功了。曾有人统计

释然篇

松开手指真智慧，优雅转身影生辉

过，在林肯的一生中，他只成功过三次，而失败了35次。由此可见，林肯失败的次数远远地超过了他一生中成功的次数。这样的人生如果放在别人的身上也许就垮掉了，但是面对无数次的失败，林肯不但没有就此气馁，反而更加努力地改变，更加地有激情，越挫越勇！在林肯竞选参议员落选时，曾说过这样的一句话："此路艰苦而泥泞，我一只脚滑了一下，另一只脚因而站不稳，但我缓口气，告诉自己，这不过是滑了一跤，并不是死去而爬不起来。"

　　没有逃避，笑看人生，笑看人生中的失败。失败不可怕，可怕的是你在失败后爬不起来。让自己活得快乐一些，不要那么累，笑看人生。在我们百变的人生中，只有坚持自己的拼搏，放开胸膛，承受这一切困难的来临，这就是豁达的人生。人生的很多烦恼和痛苦多数来源于对生活的奢望。我们要正确地认识和看待自己，明白我们心中真正所需要的，什么样的生活是正确的，抛弃不切实际的幻想和非分的欲望。当你追求欲望时，回过头来看一看，我们才发现我们收获的是劳累。

　　人生如登山，登上山顶一览无余，我们欣赏高处的美景；没能登上峰顶，但是我们能欣赏到路途的风光，享受登山的乐趣也很不错。只要尽了自己最大的努力，充分发掘了自己的潜能，不管自己的结果如何，也就无怨无悔。人生应该树立理想和目标，不应该无目的地去生活，但我们不能为了实现目标而成为了生活的奴隶，不能为了实现理想而折磨了心灵。追求幸福，享受生活带来的乐趣、享受奋斗的快乐才是生活的真谛。

　　不经历风雨，怎能见彩虹？没有一直顺利的人生，更没有一直失败的人生。如果你能在失败和成功中度过一生，你的人生就是完美的人生。当你战胜失败的时候，你会对成功有更深一层的感悟。

就是在这样一次次的感悟中，生活会给你一个完美的人生。真正有成就的人，都是在经历了失败和挫折之后才取得辉煌成就的。时间会告诉我们，痛苦只是暂时的，等待我们的是恬静的生活。

　　微笑着，面对人生，把尘封的心胸敞开面对生活，把狭隘自私的阴影抛去；把自由的心灵放飞在天空中，让自己豁达的宽容回归自然。萨克雷说过："生活是一面镜子，你对它笑，它就对你笑；你对它哭，它也对你哭。"让我们微笑着面对生活带给我们的一切。

　　"物随心转，境由心造，烦恼皆由心生"。一个人的目标是从梦想开始的，一个人的幸福是从心态上把握的，而一个人的成功则是在行动中实现的。因为只有行动、只有实践才能让我们成功。当你遇到困难时，只知道气馁，而不去用行动去克服它，最终你收获的只能是失败。一个好的心态能让你战胜任何困难，一个好的心态更让你获得幸福和财富。

人生感悟

　　人生如梦，岁月无情。我们的生活在一天天地过，当我们蓦然回首，才发现人活着就是一种心态。穷也好，富也好，得也好，失也好，一切都是过眼云烟。真正陪伴我们身边的是生活。幸福和痛苦就像一对孪生兄弟，上帝是公平的，痛苦不会长久，幸福也不会一直陪伴你。享受痛苦则会提高你的自信心和忍耐力。身陷痛苦的囹圄，你的心灵颤抖了吗？身处绝望的深渊时，你坚持了吗？微笑地面对生活，面对生活的困难，只要用微笑面对生活，幸福永远陪伴你。

努力才有希望

有一种努力奋斗的精神，有一种敢作敢为的责任，即使我们历经风雨，我们也会看见彩虹。因为我们都经历过风雨，才知道欣赏和珍惜风雨过后的彩虹那别样的美丽！因为我们努力了，我们就有生活的希望。一个人经过奋斗努力，才能获得成功，只要努力就有希望成功。在成功的背后，我们需要经受多大的艰辛与努力啊！

从休斯敦抵达海南的博鳌，参加亚洲论坛，姚明感慨地说道："努力不一定成功，但放弃一定失败。"很多时候，我们的生活处处充满挫折。我们往往过多地顾及一丁点挫折而烦恼不已，一蹶不振。这个世界有许多幸福是可以争取的，生活处处充满希望的种子，只要我们肯施肥，有许多不幸是可以战胜的，有许多困难是可以克服的，就要看我们心中是否有努力的拼劲。希望是人类最美好的拥有，只要自己不放弃，自己去努力，希望就会永远相伴相随。

无论你在干什么，无论你用什么方式去生活。人活着就要有希望。只要心中有信念，坚持自己的理想和目标，人生就不会是黑暗的；永远心系希望，就一定会有精彩的人生。过去不等于未来，过去的挫折已经让我们醒悟，把握现在才是最关键的事情。人生之中没有绝对的失败，成功者绝不会轻易说放弃，放弃者绝不会成功。只要心中有希望，用你的行动证明你的价值，那么战胜厄运就为时不远了，胜利一定属于自己，不会是别人的。

莎士比亚说："治疗不幸的药，只有希望。"希望就是力量，是一种能激发潜意识灵感的神奇力量。人生，在生活中充满希望，让我们微笑地面对人生路上的挫折。每一个人的一生都注定要经历沟沟坎坎，要品尝人生的不如意，经历很多的挫折。因此，在漫长的人生旅途中，苦涩并不可怕，受挫折也无须气馁。大海如果缺少了巨浪的汹涌，就会失去那应有的雄浑；沙漠如果缺少了飞沙的狂舞，就会失去其状观。只有酸甜苦辣咸五味俱全才是生活的全部，只有悲喜哀痛七情六欲全部经历才算是完整的人生……只有努力的心态，有创造生活的拼劲，我们的未来就有希望。

我们的人生充满期待，充满阳光的影子。只有不懈地努力，珍惜地度过每一天，踏踏实实地做人，勤勤恳恳地做事，我们流逝的岁月会成为一份可贵的记忆。即使我们身陷绝境，即使身陷逆境，我们也要坚强地站起来，永远充满对美好生活的向往。人生又如一次漫长的旅程，通往目的地的路途有千万条，脚下的路崎岖而又漫长，有好多的路等着我们去走，走了好多路的人才知道人生的艰辛。

列夫·托尔斯泰说过："幸运的不是始终去做你所希望做的事，而是始终希望达到你所做的事情的目的。"每天充满希望地去生活，你的生活将充满阳光。"山重水复疑无路，柳暗花明又一村"，这是对人生的态度，如果我们没有苦难，我们会骄傲；没有了挫折，成功将不再那么有激情。在我们最悲伤的时刻，我们不能忘记自己当初的信念。在自己最幸福的时刻，我们不能忘记过去的不幸。人生不是充满鲜花美景的路途，所以每天都要努力。每个人的人生过程，是持续不断地在努力。人生的目的是争取胜利与荣耀。

生活的力量源于生活。在我们的生活经历中，希望的力量比任

何力量都重要，因为只有在有希望的前提下，我们才能有目标地去努力、去拼搏。一个人，即使他一无所有，只要他有希望，他就可能拥有一切；而一个人即使拥有一切，当他丧失希望时，丧失动力时，那就可能丧失他拥有的一切。

小时候的巴雷尼因为突如其来的一场灾难成为了残疾人。他的母亲感觉天塌下来一样，自己的希望没了，整天处于痛苦中，但她还是强忍住自己的悲痛，因为她的孩子比她还要痛苦。她想："我的孩子现在最需要的是帮助，而不是我的伤痛和眼泪。"母亲无微不至地照顾他，来到巴雷尼的病床前，拉着他的手说："孩子，妈妈相信你是个有志气的人，希望你能用自己的双腿，在人生的道路上勇敢地走下去！巴雷尼，你能够答应妈妈吗？"

母亲的话像铁锤一样撞击着巴雷尼的心扉，他"哇"的一声，扑到母亲怀里大哭起来。从那以后，妈妈只要一有空，就帮巴雷尼练习走路，做体操，常常累得满头大汗。有一次，妈妈得了重感冒，她想，做母亲的不仅要言传，还要身教。尽管发着高烧，她还是下床按计划帮助巴雷尼练习走路。黄豆般的汗水从妈妈脸上淌下来，她用干毛巾擦擦，咬紧牙，硬是帮巴雷尼完成了当天的锻炼计划。

体育锻炼弥补了残疾给巴雷尼带来的不便。母亲的榜样作用更是深深教育了巴雷尼，他终于经受住了命运给他的严酷打击。他刻苦学习，学习成绩一直在班上名列前茅。最后，他以优异的成绩考进了维也纳大学医学院。大学毕业后，巴雷尼以全部精力，致力于耳科神经学的研究，最后，终于登上了诺贝尔生理学和医学奖的领奖台。

巴雷尼用他那超乎常人的毅力，来完成自己心中的理想和目标。要永远心系希望，将一切悲观的念头改变成积极的思想，把自己悲观的念头压在心底，把希望表露出来，你就一定能成为不断追求的那种人，得到你想要的生活。

在困难面前，我们不停地努力释放自己的能量，在苦难面前自强不息，就一定会赢得成功和幸福。人的一生要遭受很多的苦难，无论是天生的残缺，还是惨遭生活的不幸，但只要你勇于面对苦难的境遇，自强不息，百折不挠，就一定会赢得成功，赢得幸福。生活在希望中，才会看到光明。有很多人抱怨自己生活中没有光明，只有黑暗，这是因为你缺少或没有希望的缘故。无论在什么时候，多么艰难的困境中，只要活在希望中，就会看到光明，这光明也将会伴随我们的一生。不靠天，不靠地，只靠自己的双手，自己的事自己干……在困难面前，很多人会失去方向、自信、自尊，最后放弃，这些人成了苦难的奴隶；那些坚强的人仍然保持着自己的尊严，不向苦难低头，这些人把苦难当成了磨炼石。只有充满信心才会有希望，有了努力就可以使希望成真。

人生感悟

你要想成功，要想比别人优秀，就要付出比常人更多的努力。只有付出更多的努力，并且能够把自己的理想和希望一直坚持到底的人，才能比别人优秀，才能创造出自己的价值和成就，最终取得成功。要想成功，自己一定要努力。不要等到后悔时才想到原来自己还有很多事情没有做，还有很多希望没有完成。人生不要留遗憾，努力去创造属于自己的路。

关注新的生活

　　如果你还生活在过去，如果你那受伤的心还在紧闭，就不必在原地徘徊。要学会放弃，然后寻找你自己的那扇窗，你同样能看见满天的星光。寻找新的生活，更好地去关注新的生活，乐观的生活是人追求的目标。对于顺境，我们可以笑看人生，对于逆境就不要自暴自弃。遭遇了挫折才感到人生的珍贵！乐观地面对困境，才能使人生和谐美好。

　　人的一生很短暂，我们生活在这个世上，不可能都是一帆风顺，或者遇到困难，或者遇到挫折，这些都是人生路途中经历的境遇，这就是人生。然而，有的人遇到这些境遇时，有的心烦意乱，有的痛苦不堪，有的甚至失去面对生活的勇气。我们应该坚强地面对困难，忘掉过去的不快，从头再来，未来是美好的。

　　我们生活中的每个人都会有忘不掉的事情，可能是感情上的，也可能是生活中的，我们都应该努力忘掉这些不快。可是我们又很无奈地发现忘不了，只要是看到或碰触到我们以前经历的事或物，都会叫我们想起那些不愉快的事或人。所以我们应该更好地关注新的生活，不要沉陷在过去的世界中。

　　我们应当用平常心面对生活，学会享受生活，应当静下心来感悟生活中美好的东西。别太在意别人的意见，学会包容。要忍耐生活中的不快和挫折，因为以后的生活会多一分情趣，会让我们更加懂得生命的珍贵，憧憬未来的生活，兴致勃勃地把握好今天，更好地关注未来。

生活中的每个人都有一样的人生，但是同时又有异样的心态，不同的人看待事情的角度不同。不要用过去的眼光看自己，更不要用过去的生活态度去观望未来，以乐观、豁达、体谅的心态来看自己，重新认识自己，更要重新认识自己的新生活；不过分地要求自己，更重要的是超越自己，突破自己。也许过去是一把枷锁，让你痛不欲生，但是它又给你挣断枷锁重新来过的希望。只有好好生活才有希望。令你痛苦的事已经走得老远了，你还为什么生气呢，何必呢？哲人康德说："生气，是用别人的错误惩罚自己。"跳出来看自己，从另一个角度看自己，看自己的未来，因为未来充满希望，充满阳光。当你过多地关注未来的生活时，你也就放下了。

在很久以前，有一个很富强的国家。这个国家国泰民安，百姓安居乐业，一副欣欣向荣的景象。作为这一国之主的威廉国王按道理应该很幸福，可是他总是觉得自己不开心、不快乐！

有一天，他招太医过来问道："我为什么会这么不快乐？你应该找到一个让我快乐的办法。而且这是你的责任！如果你做到了，我就赐予你大量的财富；如果你没有做到，我就砍了你！"

太医想了很久也没有想出办法来，只好对国王说："尊敬的国王陛下，请给我一天的时间去研究这种方法，明天再告诉您，好吗？"

国王说："好吧，我希望明天你能给我一个满意的答复。"

太医回去后就头痛了："这可怎么办啊？如果我真的没有做到，我就会被国王杀了。"他整整想了一天，终于想到一个方法了。

第二天,他跟国王说:"陛下,只要你能找到天下人最快乐的人,你就能够快乐起来!"

国王立刻派人去寻找这样一个快乐的人,并要求把他带回来。

被派出的宰相出发了,他想应该是有钱的人才快乐吧。于是,他来到一个最有钱的人家中,告诉他国王需要找一个最快乐的人,这样的话,他就能够如这个快乐的人一样快乐了。

"可以,但是,其实我一点都不快乐!"有钱的人说。

宰相又找了很多人,其中有很富有的、有很有权力的,可是,他们却都不快乐!宰相疑惑了,他不知道该怎样去寻找快乐的人了。

正在不知如何回去交差时,他的一个手下告诉他:"宰相大人,别担心,我知道有一个快乐的人。其实你也知道这个人,他就是每天晚上在我们附近的河边上弹琴的人。"

宰相一听,有些惊喜:"是啊,每天在夜黑时,都能听到那种动听的琴声。这个人是谁呢?他一定很快乐!"

手下说:"虽然我们不知道他是谁,但是,我们可以在晚上的时候到河边找到他的。"

于是,到了晚上,宰相和他的手下来到河边,沿着优美的琴声传来的方向找到了弹琴的人。

"请问你快乐吗?"宰相走过去问弹琴的人。

"是啊!我每天都能在这里欣赏着大自然,而且弹着自己的琴。"弹琴的人说道。

"那太好了,"宰相高兴极了,"那能否跟我去一趟皇宫?"

"那是不可能的。"弹琴的人说。

"为什么?我们国王需要快乐的人陪伴!"宰相说。

弹琴的人不语。

"你听到没有？我们的国王需要你！"宰相再次说。

"那是不可能的，我自己的快乐，即使给别人了那也只是表面的。"弹琴的人说。

"那你为什么还这么开心、快乐呢？"宰相疑惑了。

弹琴的人说："因为我懂得放下，我懂得放下不快，寻找新的希望，所以我快乐。"

作为一国之主，他有雄才伟略，但是他不懂得放下过去，而陷入到不快的境遇中。反而弹琴的人更懂生活之道，他对生活充满希望，对以后的人生更充满信心，懂得关注新生活，忘记以前的痛楚，用琴弹奏这新的希望。

人的一生总处于矛盾的选择中，当我们闲时，我们感觉枯燥，当我们太累时，我们又经常抱怨它。如果我们同时选择不放手，也许我们会更加苦恼。

所以我们总在选择和放下中徘徊。当我们懂得拿起的时候，也要适时地放下。若我们总生活在患得患失中，则我们的生活处处有困境。我们出生的时候，我们总是双手紧握，什么都不想放手；当我们离开人间的时候，也不会带走什么。

我们活着需要精彩，不要让自己的人生充满矛盾和无奈，放下你手中的不舍，开辟新的生活，未来充满希望，我们为何还在远处抱怨呢？时间在流逝，我们还在取舍，难道我们真的就这么糊涂吗？真的不知道我们的未来是充满理想、充满希望的吗？

当我们有希望时，当我们对新的生活有目标时，我们应当认准了目标，不要优柔寡断；选准了一个方向，就一直努力，不要回头相望，不要气馁。机遇就像水中的鱼，只有果断才能抓住。我们应当把过去忘记，不要徘徊在过去的门口。我们应该为未来的生活去努力、去争取，不要留遗憾，即使我们有困难，也应当微微一笑。在充满希望的路上，你要用花朵来点缀。

人生感悟

有位哲人说过："我们的痛苦不是问题本身带来的，而是我们对这些问题的看法而产生的。"这句话告诉我们要学会解脱，学会放下。不要紧紧抓住你人生中不快乐的事，把事情看开，新的希望在等待我们，新的生活需要我们自己去开拓。放下烦恼，放下阻碍自己前行的杂草，寻找自己快乐的生活。感激你过去的痛苦，因为它们让你看到新生活的希望，挥手向它们告别吧，因为希望在等你。

对自己说"不要紧""没关系"

你的生活是否充满着困难呢？那你是用什么样的心态来对待呢？是妥协，还是对困难说"不"？苦难是无情的，不管什么人，一样都会遇到无情的苦难和人生的挫折。我们应该以相信自己能行的态度去应对苦难，对自己说"不要紧""没关系""你是最棒的"，给自己自信，证明我们是最棒的。人生的道路上，无论如何都躲避不了现实的困难，事业、生活不会永远一帆风顺，但是，只要你不去妥协、不胆怯，保持信心满满，保持良好的心态，努力地奋斗，你就一定会知道"金子到哪儿也可以发光"。

我们生命的小船，在生活的大海中不可能一帆风顺，中途会遇到大风大浪，也许我们会翻船，也许会失败，但是坚强让我们爬起，不要紧，因为你还有信心站起来。挫折是一门成长的课程，挫折让我们成长。

经常对自己说些勉励的话，困难不可怕，挫折只是人生中的一次小小的困难。人生，并不是绚烂多姿的朝阳，它是由困难、挫折、痛苦组成的一条路。巴尔扎克说："不幸，是天才的进身之阶、信徒的洗礼之水、能人的无价之宝、弱者的无底之渊。"当遇到挫折时，我们是气馁消沉，还是积极奋发？我们要用自己的努力去拼搏，选择相信自己，因为有人说过："哭泣和哀叹只会使我跌得更多、伤得更重。"于是，我们要学会咬紧牙关去面对生活，头破血流，依然说"不要紧"。

挫折，只是你人生中一条崎岖的路。巴尔扎克曾说过："挫折就像一块石头。对于弱者，它是绊脚石，让你却步不前。对于强者，它是垫脚石，让你站得更高。"我们很年轻，年轻的心很嫩，但是又有着敢闯出一片天的勇气。我们不怕，我们更不退宿，正是因为我们年轻，才会在人生路上一次次跌跤，又一次次爬起，体味世界上最美丽的痛苦，让自己的世界更加精彩。

"困难像弹簧，你松它就紧"，要知道我们的痛苦同样会给我们自信，只有信心百倍地去追求、去奋斗，才会抓住幸运的机遇，让我们用阳光点缀自己，不会留下终身遗憾。亲爱的朋友，相信自己吧！不要在乎自己的得失，因为你经得起失败。

不要把挫折看得太难，挫折给人以锻炼的机会，只有经得起困难考验的人，才能算得上是真正的强者。自古以来，伟人大多是抱着不屈不挠、自强不息的精神，从逆境中奋斗挣扎过来的。平坦的路上训练不出好士兵，优秀的士兵勇于挑战惊涛骇浪，人不能总是在安逸的环境中，需要到外面去磨炼自己、挑战自己。把自己放在挫折中，永不言弃。

在美国的历史中，有一位很受欢迎的人。在美国最艰难的时候，是他用他的上半身托起了整个美国，他就是美国总统罗斯福。他是身残志坚的代表人，不仅在美国受到欢迎，也在世界中受到人民的尊敬。他说过他要感谢他的母亲，因为是他的母亲用下棋的方式教会他如何面对人生的挫折。

母亲从小就对他特别严格。罗斯福小的时候特别聪明，与同伴竞争，常常是第一。父亲常夸奖他说："你真厉害！"这也使得他干什么事都有自信。

他很喜欢下棋，他经常拉着父亲来下跳棋。父亲为了培养他的兴趣，每次都让他赢，慢慢地他的水平有了很大的提高。

母亲对孩子的教育却有自己的方法。她看到孩子聪明，进步快，也喜上眉梢。但是她也发现罗斯福太好胜、太要强，这也很可能会成为性格的弱点。这样的孩子不能经受任何挫折，一旦遇到了挫折就受不了，就一蹶不振，严重的话会对生活失去信心。为此，母亲就想给孩子一些挫折教育。

一次母亲主动要求与罗斯福下棋，在先输一盘后，向孩子表示祝贺。孩子果然来劲了。第二盘，母亲却不再让孩子了，赢了孩子一小步。罗斯福一看输了，就不高兴，眼泪居然在眼里打转，接着就说不下了。母亲却趁机说："要竞争，就会有输赢。失败乃成功之母。"但孩子听不进去，跑走了。

此后罗斯福只喜欢与父亲下棋，因为父亲总是让着他，他总能赢父亲。他躲着母亲，不愿意与母亲下棋。

母亲常找机会与罗斯福下棋，每次在先输一两盘之后，会赢孩子几盘。罗斯福输了棋后，不高兴，不认输。一次母亲居然连赢了孩子三盘，他被气炸了，一把就把棋盘给翻了，把棋子撒了一地。母亲立马抓住孩子，让他把棋捡起来，并且要孩子承认错误。可是孩子流着泪，也不低头，不捡棋。

于是母亲严厉地对孩子说："你看，我虽然输了，但我没哭闹，而且我还很有风度地向你祝贺，因为我知道这是个游戏，一定会有输赢的。那你怎么就输不起呢？想赢就不要怕输，怕输的人，恐怕永远也难以成为真正的冠军。"那次母亲说了很多，最终罗斯福不情愿地捡起了掉在地上的棋。

后来罗斯福以优异的成绩毕业、工作。可是 1921 年 8 月，罗斯福到加拿大度假，碰上度假地森林失火，他参加了扑火活动，回来后很疲劳，之后又下水游泳。人在很疲劳的时候，抵抗力下降，导致他游泳后连续发高烧，患上了脊椎灰质炎症。他一直治了七年，却落下终身残疾，只能坐轮椅。但他并没有被挫折吓怕，被命运打倒。此后罗斯福没有放弃政治，1928 年他竞选纽约州州长成功，1932 年他以新政演说竞选成功，成为美国历史上第 32 任总统。第二次世界大战期间他受命于危难之际，连任四届总统，成为了美国历史上最伟大的总统之一，还成为了 20 世纪美国最受民众爱戴的总统。

要学会面对挫折，更要学会在挫折面前站起来。罗斯福用他的双手向全世界证明了，即使我有缺陷我一样能赢得整个世界。你的每一次冒险，都会让你总结自己的得失。在面对困难时，我们应当以自信面对，让自己变得更加强大。当你变强大时，你的自信心也得到了增强。不要去抱怨，这个世界上每天都有成千上万的人在面临困难，很多人比你还困难。他们坚持过来了，以积极和乐观对待困难，并最终以强者的形象出现在人们面前。

当我们在挫折中成长时，在经历过挫折烦恼之后，我们会获得更大的礼物，这就是成长和成熟。张爱玲也说过："人生是一袭华美的袍，爬满了蚤子。"我们在希望中诞生，在挫折中成长，必将在成长中获得生命的价值与真谛。勇于面对人生路途中的挫折，不要把希望寄托给别人，把人生掌握在自己的手中，相信自己能行，自己是可以的，要对自己说"不要紧"。

人生感悟

对困难说"不要紧"，更对挫折说"不要紧"。无论生活在发生什么，无论生命带给我们什么，我们总是在困难中寻找经验，在平坦的人生中寻找快乐。如果你相信"自己没关系的"，其实你已经成功了一半。如果你不相信自己，那你的人生中的成功就会对你说"拜拜"。

放弃悲观情绪，笑对人生中的风雨

不是每个人都可以成为伟人，我们只要做好自己就可以，而且还能使自己的内心更加地强大。强大的内心，能够承担一切痛苦和哀愁；强大的内心，能够有效弥补你外在的不足。我们无须悲观，我们不要放弃，美好的生活不是说来就来的。人的一生风雨兼程，我们要拥有乐观的态度对待我们人生的逆境。

每个人都会在工作、爱情、拼搏中度过一生。人生中的磕磕碰碰是不能避免的，更是不能缺少的。这些人生中的困难，让人有时感到很无助，想放弃，但是没人会去同情你，只有自己一人硬着头挺下来，不要做弱者，要做生活的强者。面对困难，也许有很多人选择悲观放弃，也有一些人笑对人生中的风雨。我们应当用平常心看待自己的遭遇，面对惨淡的现实我们要学会坚强，调整好自己的心态，放松自己，不要悲观，更不要丧失斗志。"金无赤足，人无完人"，不要把生活想象的那么难，不要对自己没有信心。"忍一时风平浪静，退一步海阔天空"，把你的心态调整好，把悲观放在脑后，敞开自己心中的大门，让生活中的快乐抚平我们的创伤，不要悲观，不要放弃，因为你是最棒的！"不经历风雨，怎么见彩虹"，人生中没有过不去的风雨，更没有踏不过去的山，只要有信心，学习"愚公移山"的精神，我们依然会走在人生的前端。

你对生活没有信心，你对生活产生厌倦，所以你那最讨厌的悲观情绪降临到你的身上。其实悲观的情绪也是磨炼自己的心态，要有战胜自我的精神。身处逆境之中，如果你不停地抱怨命运，认为生活对你不公，认为自己是世界上最不幸的人，更加地去埋怨社会，那么你就无法摆脱悲观的情绪，你可能会走向极端。消除悲观就不要用别人的标准来衡量自己，因为他人是他人而你就是你，你有的他人不一定有。不要去抱怨，那是最愚蠢的，用自己的双手换来你想要的，这就是你人生的精彩之处。

伟大的音乐家贝多芬遭受了多么大的灾难，他没有气馁，更没有悲观，而是以一种淡然微笑的态度面对挫折，克服重重困难创作了著名的《第九交响曲》。强者不是天生就是强者，而是慢慢强大起来的。强者之所以成为强者，是因为强者把自己的弱点看成了一点小小的挫折。那些成功的人之所以成功，就在于他们始终保持着一种积极乐观的心态，淡然恬静地面对自己的困难。

一位哲学家曾经说过："要想征服世界，首先要征服自己的悲观。"在人生中，悲观的情绪始终笼罩着我们的生活，挥之不去。战胜悲观的情绪，不要被挫折困难所击倒，用开朗、乐观的情绪来发现生活中的乐趣。悲观是一把刀，能征服自己的悲观便能征服世界上的任何困难之事。

有两个人在沙漠中行走，水袋中的水早已见底，饥渴难耐。他们走着走着发现了半杯水。快乐人选择："啊，我终于找到水了！虽然眼下只有半杯水，但千里之行始于足下，有良好的开端，我一定还能找到更多的水……"于是他很幸福。苦恼人选择："怎么就只这半杯水？就这半杯水有什么用？"一气之下碰倒水杯，然后坐以待毙。

同样的事情，却发生不同的结果。是什么导致这样的结局？这就是各自的心态，面对同样的困难，乐观者从积极的一面去看问题，发现自己所遇的困难不足为虑；悲观者看到了事情的反面，从坏的一面看问题，悲惨的结局可想而知。悲观的人不管对待工作还是对待生活，都是充满着负面的情绪——心灰意冷、万念俱灭，丧失了奋斗拼搏、积极进取的勇气。遇到困难或挫折，更是怨天尤人，抱怨生活这么不公地对待自己。不要悲观，用乐观的态度对待人生，我们应该微笑着对待生活，乐观是打败悲观最厉害的矛。

我们的生活应该充满乐趣，不应该充满阴暗。用乐观的态度对待人生，我的生活中可看到"百鸟枝头唱春山"；用悲观的态度对待人生，我们抬头看的时候"黄梅时节家家雨"。如果我们打开窗户看一下天空，我们会发现，有一些乐观的人看到的是星光璀璨、夜空明媚；那些悲观的人看到的就是黑暗一片。在你的人生黑暗中，没人会去同情你，你只能用更乐观的态度去面对。

为了扩展业务，推销自己的鞋子，美国有家鞋厂分别派业务员前往非洲考察，看一看鞋子是否适合当地。因为当时在非洲根本没有人见过鞋子，可想难度之大。甲业务员考察回来，立刻被厂里晋升为主管；乙业务员考察回来，却从此被冷落在一旁。为什么他们一个被升一个被冷落呢？

原来，乙业务员到了非洲，发现当地生活环境很差，当地人根本不知道鞋子是什么，当时就不知所措，感觉没有希望。考察了几天回去后，他给厂里做了个报告。报告的内容是：完了！一点希望也没有，因为这里的人都不穿鞋子。

而甲业务员到了非洲，也是发现了当地的情况，但是他没有放弃，因为一个完全没有出现过的商品会有很大的商机。他回来也给厂里写了一份报告，报告的内容则是：太好了！希望无穷，因为这里的人都没有鞋子穿。

人生需要你去发现，更需要你用不同的人生态度去面对。不同的人面对相同的情况，但是结果却不同。如果你能守住你的那份乐观的心情，甲业务员的结果也会发生在你的身上。悲观的身影在生活中随处可以找到，而乐观则需要我们去发现，只有发现生活中的乐趣才能使自己保持一种愉快的心情。悲观使人生的路愈走愈窄，乐观使人生的路愈走愈宽，选择乐观的态度是对人生的一种责任。那么多人在欣赏风景，你是仰望夜空看到的是夜光明媚，还是低头看到一片黄土？

　　我们曾哭过，笑过，闹过，颓废过，这些已经不再重要，重要的是我们以后的人生该怎么走，该用什么样的心态去对待。不要因为事情的变化就大悲，更不要因为一点小小的成功而大喜。我们要勇敢地面对一切的困难，不管山有多高，地有多厚，用你那乐观的心态去迎接挑战，即使失败也不遗憾。

人生感悟

　　不管在工作中还是生活中，我们会有很多的琐事。有喜悦的，有烦心的，还有让人不如意的，这些都需要我们去处理。就像镜子一样，我们应该对它笑还是对它哭？遇到多大的挫折和困难，我们都应该积极面对，不应该悲观，更不要放弃。我们把生活当作一本书，用愉快乐观的心去读它，你会发现里面有很多乐趣。

努力缓解压力，享受更轻松的生活

　　生活的压力，就像你身后的影子一样，每时每刻都在跟随你。在当今社会，每个人为了生活努力奔波。当我们在拼命工作时，我们难道没有想过，这样的人生是自己想要的吗？人生短暂，我们应该学会享受生命，享受自己的心情。我们应该感谢生活给了我们很多很多的快乐。放下你心中沉重的担子吧，学会享受生活。

　　只有轻松愉快的生活才值得品味。为了工作、为了生活忘掉了自我，当年老回忆以前美好的时光时，你不觉得遗憾吗？我们经常一开始对未来有憧憬，到后来的不断失望，到最后的麻木不仁。我们要接受自己的境遇，情况不管怎么样都要面对，我们无论何时都要在有限的生命里轻松地享受美好的生活！好好珍惜现在所拥有的一切，不要给自己的人生留下遗憾！

不要给自己太多的压力，适当地放松一下，在享受生活中拼搏，以轻松的心情面对生活。完成不了的工作就放一放，歇一歇，天不会塌下来；心情不好，不想去应酬，在家里睡睡觉也比强颜欢笑的好；在工作中出了差错，不必太自责，不要害怕领导批评，谁能永远正确呢？我们要活得自由自在。

我们的压力不是天生就有的，多半都是人们对于生活的不理解而陷入了误区。其实，在生活中，很多人迫于现实的形势和自身的要求，给自己套上了无形的枷锁，从而搞得自己疲惫不堪。只有解除这些枷锁，为自己减压，才能让自己活得更快乐。不要把生活想得太难，微笑着面对人生，"笑一笑，十年少"，这就是人生态度。

有句俗话说："把骆驼压趴下的，永远是最后一根稻草。"在工作中，很多人都有这样的体会：当自己努力去完成一项任务时，压力自然而然地降低了很多。有明确的目标，而且通过自己的努力完全可以达到的时候，心理的压力就小了很多。当面对未知的事情时，压力就很大。学会释放工作中的压力，懂得减压。就像车胎一样，压力大了不就爆胎了吗？减轻压力，找回人生的真实与轻松，这才是我们所追的生活。

"轻松快乐是人类社会众望所归的最高境界"。享受生活，是一种豁达的人生态度，也是一种境界。放下了丰富多彩的物质生活，追求人生中的快乐，这难道不是一种坦然的心态吗？我们应该用快乐的生活态度去对待生活中的每一件事情，快乐无处不有，唯有心胸开阔的人，才能体会到。

我们用一个小故事来说明了这个道理吧。

一个女孩,她以前在学校是一个活泼开朗的女孩,经常参加学校活动、同学聚会。但是自从大学毕业参加工作以后,她经常闷闷不乐。有一天,她问她的母亲:"在生活工作中,我应该怎样把握生活呢?"母亲没说什么,只是找来一把沙,递到女儿面前。女儿看见那捧沙在母亲的手里,没有一点流失。接着母亲开始用力将双手握紧,沙子纷纷从她指缝间泻落,握得越紧,落得越多。待母亲再把手张开,沙子已所剩无几。她妈妈对她说:"生活就像这手里的沙子一样,你握得越紧,它流失得越多。在生活的每一天中,不要把自己抓得太紧,要学会给自己减压,学会享受生活。"这个女孩若有所悟地点点头,从此,无论在工作和生活中,遇到了什么不顺心的事或者困难,她都用自信轻松的心态去面对。

生活也是像手里的沙子一样,要适当地放松一下,要不然你最终会失去一切。不要每天紧张地生活,满目愁云地对待生活也许会适得其反。当你轻松快地工作时,你会走出误区,远离压力的困扰,把握住生命中所有的幸福和快乐。

保持自我,让自己的生活方式融入到自己的人生中,不要迷失自我,轻松享受生活。你做出的反应和决定绝不能被压力所控。你应该始终保持自我,像古人所说的那样站稳脚,找到自己的位置。否则你的生活就会变得一团糟,压力就会越来越大。安排好生活中的每个问题和情况,避免压力来袭!日出东海落西山,我们发愁也一天,欢喜也一天;遇事不斤斤计较,你自己舒坦,别人也舒坦;每天赚的钱,多也好,少也罢,坦然相待。其实每天的粗茶淡饭也是人生的享受,不要给自己太大的压力。

给自己的人生经常放个"小假"。机器转动，如果不休息还会发生毛病，何况是人呢？享受人生，享受生活，用自信点缀生活，信心百倍地去追求、去拼搏，才会抓住幸运的机遇，不会留下终身遗憾。朋友，给你一个平台，展现你那精彩的人生。没有你，世界也许不会少些什么，而有你，世界将会更加多姿多彩。就让过去的过去，满怀轻松地走完漫长的人生之旅吧！

远离压力！用积极的心态对待生活，享受生活！人生一世，有太多的无奈，有许多事情我们不能改变，也无法改变。我们不能因为这些挫折而让自己太累。因此，我们要面对现实，用平和的心态去面对一切，用心去体会所发生的一切。多一点理解，多一点宽容，多一点感恩，就可以面对一切困难，不躁不急、平和地面对一切。我们的生活期望是不是太高，心里总是缺少阳光，紧绷绷的，所以总看不到希望？其实我们拥有的太多了，为什么不能用放松的心情去面对生活中的一切，让自己感到快乐些呢？

人生感悟

我们应该学会享受人生，用淡然的姿态去惬意生活。人应该"知足常乐"，健康的、快快乐乐的，我们要学会过古人那种淡泊名利、不追求虚荣的生活，享受生活。我们应该要有海洋般广阔的胸怀，用心感悟生活，用自己的方式去读懂生活，快乐地过每一天。只要我们用心，将拥有一个湛蓝和快乐的人生。

释然篇

松开手指真智慧，优雅转身影生辉